PREFACE

건강에 대한 개념은 시대에 따라 조금씩 변하고 있다. 과거에 건강은 육체적, 정신적, 사회적 안녕상태로 정의했으나, 현대에 와서 영적인 안녕상태로까지 그 영역이 확장되고 있다. 즉, 건강한 삶은 단순히 질병이 없는 상태를 말하는 것이 아니라 육체적, 정신적, 사회적으로는 물론 영적으로도 양호한 것을 말한다.

이러한 건강을 유지하기 위해서는 무엇보다도 균형잡힌 영양소의 섭취가 중요하다. 우리가 질병이 없이 건강하게 살아가기 위해서는 탄수화물, 단백질, 지방, 비타민, 무기질의 고른 섭취가 무엇보다 필요하다. 또, 인체의 약 65 ~ 70%는 물로 이루어졌다는데 근거하여 물의 섭취 또한 무시할 수 없을 것이다.

본서는 이와 같이 인체에 필요한 각종 영양소들이 우리의 건강에 어떠한 영향을 미치는지 이해될 수 있도록 기술하였다. 저자들은 기본의 틀에서 벗어나 새로운 시각에서 영양과 건강을 재조명하고자 노력하였다.

특히, 저자들은 대학 및 평생교육기관의 학점은행제 등에서 미용을 공부하는 학생들에게 도움이 될 수 있도록 기술하였다.

끝으로 이 책의 출판을 허락해주신 도서출판 구민사 대표 조규백 사장님과 편집부의 노고에 감사드립니다.

2014. 2.

저자일동

nutrition & health

CONTENTS

1

CHAPTER

영양과 건강

nutrition & health

1 미용과 건강

건강(健康)하고 매력적인 아름다움을 추구하려는 소망은 인류의 역사와 함께 지속되어 온 것으로 인간에게 있어서 본능과도 같은 것이다. 특히, 사회적으로 볼 때 여성의 아름다움은 이미지(image)와 직결된 것으로 조금이라도 더 아름답게 가꾸려고 하는 마음은 당연한 일인지도 모른다. 그러나 진정한 아름다움이란 외면적인 것뿐만 아니라 내면적인 건강이 동시에 이루어져야 가능하다.

인간은 누구나 아름다운 피부를 갖기를 원한다. 외모는 사람의 첫인상을 결정짓는 것 중의 하나로, 외모를 아름답게 하는 미용의 중요성은 날로 고조되고 있다. 그러나 진정한 아름다움은 외모만 가꾼다고 되는 것이 아니라 몸과 마음, 즉 심신(心身)의 건강이 있어야 가능하다. 건강한 생활은 그 어떤 것보다 중요한 가치를 가진다. 모든 생활의 출발선상에는 항상 건강이 자리잡고 있으며, 이는 올바른 영양섭취와 밀접한 관계가 있다. 인체의 겉모습의 대부분을 차지하는 피부는 아름다움 뿐만 아니라 건강과도 깊은 관계가 있다. 피부의 가장 중요한 역할은 외부의 침입으로부터 내부를 보호해주는 방어막 구실을 하는 것으로 우리에게 피부가 없다면 단 하루도 살아갈 수 없을 것이다. 우리는 각종 병원균과 독성 물질 속에서 살고 있다고 할 정도로 주변에는 해로운 물질이 범람하고 있다. 심한 화상을 입은 사람이 생명을 건지기 힘든 이유는 화상 그 자체 보다는 피부의 기능이 상실되어 각종 병원균이 침입하였기 때문이다. 이렇듯 피부는 외부의 온갖 병원균으로부터 우리의 생명을 지키는 방어막 역할을 하고 있는 것이다.

건강한 아름다움은 미용에 있어서 기본이다. 건강하고 활력이 있는 아름다움이야말로 진정한 미를 나타낸다고 말할 수 있다. 건강은 사람을 더욱 매력적이고 아름답게 보이게 한다. "건강(健康)한 정신(情神)은 건강한 육체(肉體)에서 온다(A sound mind in a sound body)"라는 말처럼 진정한 아름다움은 건강이 뒷받침되지 않고서는 불가능하다. 신체(身體)의 건강은 마음과도 밀접한 연관성이 있기 때문에 진정한 아름다움은 심신(心身)의 균형과 건강에서 생겨 나오는 것이라 볼 수 있다. 즉 내면의 아름다움(inner beauty)은 몸의 피로와 스트레스의 해소를 통한 건강 증진과 정신적인 건강의 촉구를 통하여 이루어진다.

건강한 아름다움을 위한 대체요법의 예로는 아로마테라피(香氣療法, aromatherapy), 요가(yoga), 명상(瞑想, meditation), 유기농(有機農), 목욕(沐浴), 반신욕(半身浴) 등을 들 수 있다. 아로마테라피는 식물의 꽃과 잎 등에서 추출한 향기(香氣) 물질을 이용하여 인간의 신체적, 정신적 건강을 도모하는 자연 치유법이다. 요가는 해탈을 의미하는 참선의 명상으로 육체나 의식 속에 갇힌 영혼의 자유를 통해 신체를 단련하고 유연하게 만들어 건강을 유지하는 것이다. 유기농은 자연에서 자란 농작물로, 합성농약이나 화학비료의 사용에 따른 부작용을 막아준다. 목욕은 물속에서 지친 몸을 담가 몸과 마음에 쌓인 노폐물과 스트레스를 해소해 준다. 반신욕은 명치 아래를 체온보다 조금 높은 온도의 물에 담가 혈액순환과 신진대사를 돕게 한다. 전신욕이 심장에 무리가 간다면 반신욕은 서서히 몸을 데워 주기 때문에 심장에 무리가 가지 않는다. 단, 심근경색, 협심증, 부정맥, 신부전 환자는 주치의와 상의하여 반신욕을 해야 한다. 질병예방을 위해서는 예방의학이 중요시되고 있으며 보조치료의 수단으로 오감을 통한 항상성의 회복을 목적으로 한 오감요법이 등장하였다. 오감(五感)요법은 청각, 시각, 후각, 촉각, 미각을 이용하여 심신을 건강하게 하는 대체요법이다. 이외에 화장행위를 통한 자신감과 만족감을 회복하는 화장요법이 있으며 치매예방과 자신감 회복의 효과를 가진다.

건강을 한마디로 정의하기는 어렵다. 그러나 그것이 단순히 질병이 없는 상태가 아니라는 것은 분명하다. 그것을 사회적, 신체적 건강 그리고 행복 상태와 관련이 있고, 생활 스타일의 영향을 강하게 받고 있다.

세계보건기구(WHO; World Health Organization)의 헌장에는 "Health is a state of complete physical, mental and social well-being and not merely the absence of disease or infirmity : 건강이란 질병이 없거나 허약하지 않은 것을 말하며 신체적(身體的), 정신적(精神的), 사회적(社會的)으로 완전히 안녕함을 말한다."라고 정의하고 있다. 즉, 과거에는 건강이란 육체적, 정신적으로 질병이나 이상이 없고 개인적으로 정상적인 생활을 영위할 수 있는 신체 상태를 말하였으나, 오늘날에는 개인이 사회활동에 의존하는 경향이 커짐에 따라 사회가 각 개인의 건강에 기대하는 것도 많아졌기 때문에 사회적인 건강이 포함된 것이다. 현재는 신체적, 정신적, 사회적인 안녕 외에 경제적, 지적, 영적, 문화적인 안녕까지를 포함하여 7가지의 건강까지 확대되고 있다. 즉 과거의 건강은 신체적, 정신적으로 병(病)이 없는 상태를 말하는 것이었으나 사람들의 사회활동이 늘어나면서 사회적인 건강 개념이 포함되었다. 21세기는 과거와 달리 건강에 대한 패러다임(paradigm)이 크게 변화하고 있다. 즉, 보건의료기술의 발달에 따라 질병의 치료보다 질병 예방과 건강관리가 중점이 되어 치료(治療, cure)의 시대에서 관리(管理, care)의 시대로 바뀌어졌다.

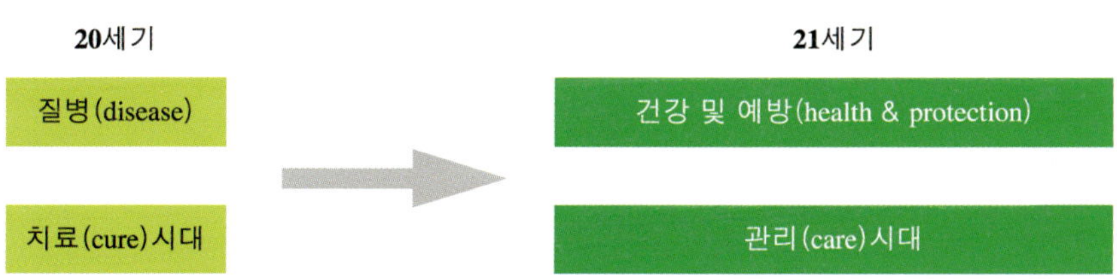

그림 1-1 20세기와 21세기의 건강에 대한 패러다임의 변화

건강을 유지하기 위한 방법으로 무엇보다 좋은 습관을 갖는 것을 필요로 한다. 개인의 신체를 효과적으로 관리하는 활동, 예를 들면 영양가 있는 음식을 먹는 것, 충분한 휴식, 적절한 긴장과 이완, 규칙적인 운동을 하며 긍정적 사고와 여유 있는 마음 등이 필요하다. 웰빙을 추구하는 사람들은 육체적으로 질병이 없는 건강한 상태뿐 아니라 직장 등에서 느끼는 소속감이나 성취감, 여가생활, 심리적 안정, 가족의 안전함 등 다양한 요소들을 추구하고 있다. 몸과 마음, 직장과 가정, 일과 휴식 등 모든 것이 조화를 이루어 어느 한쪽으로 치우치지 않은 상태가 웰빙이다. 사회의 발전에 따라 건강하고 여유 있는 삶의 영위를 목표로 하는 웰빙의 개념은 더욱 확대될 것이다. 친환경운동, 결혼을 하지 않는 싱글족의 증가, 출산율의 저하, 고령화의 심화, 인터넷의 사용증가 등으로 일인일(一人一) 라이프스타일과 소비자간 정보 교류가 급속히 확산되어 새로운 형태의 웰빙이 탄생하고 있다. 이에 따라 미래에는 개개인의 소비 패턴도 현재와 다른 양상으로 발전할 것으로 보인다.

2 노화와 수명

지구상의 모든 생물은 형태와 크기에 관계없이 세상에 태어난 때부터 죽을 때까지 일정한 수명을 가지고 있다. 일부 생물학자들은 포유류의 수명은 공통적으로 최대 절정기에 해당하는 나이의 5 ~ 7배 정도라고 주장하고 있다. 인간의 최대 절정기에 해당하는 시기를 출생 후 20 ~ 25년이라고 할 때 최대 수명은 100 ~ 175세가 될 것이다. 21세기 이후 많은 질병이 정복됨에 따라 바야흐로 인간 수명 100세 시대가 다가왔다.

전설에 따르면 15세기 영국의 농민 토마스 파(Thomas Parr)는 9명의 국왕을 섬기고 152세까지 살았다고 한다. 그러나 각종 질병으로 인해 평균 수명은 매우 낮았다. 사람의 평균 수명을 과거로 돌아가 살펴보면, 고대 로마인은 평균 22년, 15세기 초 영국인은 33년, 19세기 초 영국인은 41년 이었다. 그러나 20세기에 들어와서 과학기술이 급속히 발전됨에 따라 인간의 평균 수명이 크게 늘어나게 되었다. 항생제가 나오면서 인류는 수많은 전염병을 통제할 수 있게 되었다. 그러나 나이에 따른 신체의 노화는 어쩔 수 없다. 나이를 먹으면 누구나 몸의 기능이 떨어져 몸은 굳어지고 피부는 탄력이 없어지고 주름이 생기며 병에 걸리기 쉬워진다. 머리카락은 가늘어지고 흰머리가 많이 자라고 탈모가 생기게 된다. 동작은 점차 둔하되어 체력도 떨어진다. 기억력이 감퇴하고 건망증이 심해지며 치매(癡呆)에 걸리기도 한다. 나이가 들어 자기 자신에게 불편한 일이 나타나는 이러한 현상은 노화에 의한 것이며 결국 노화로 죽음을 맞이하게 한다. 이것이 바로 수명(壽命)인 것이다.

사람은 3가지 나이를 가지고 있다. 첫째는 실제 나이이다. 출생 년 월 일을 기준으로 계산한 나이이다. 둘째는 겉보기 나이이다. 흔히 피부 나이라고도 하는 것으로 평소의 피부 관리에 따라 젊어 보일 수 있는 나이이다. 피부에 해로운 것으로 자외선, 건조, 산화를 들 수 있다. 따라서 자외선을 가급적 차단하고 피부 보습과 항산화 작용은 겉보기 나이를 낮출 수 있는 방법이라 볼 수 있다. 세 번째는 생리적 나이이다. 의학적인 분석을 통해 계산된 나이를 말하는 것으로 신체가 내부적으로 얼마나 건강한 상태를 유지하고 있는지 각종 의학적 검사를 통해 알 수 있는 나이이다. 노년기의 특성을 살펴보면 다음과 같은 것이 있다.

첫째로, 나이가 많아짐에 따라 노년기의 피부에 주름이 많아지고 굵어지는 것을 볼 수 있다. 주름은 조직 내부의 수분이 빠져나가고 피하지방이 점차 감소하여 피부가 거칠어지고 위축되며 피지선의 기능도 감소하기 때문에 피부는 더욱 얇아지고 말라든다. 손바닥과 발바닥의 피부가 지나치게 각질화되고 두터워짐으로써 굳은살과 티눈이 생기며 균열이 나타나는 경우가 많다. 또한, 모낭이 위축되기 때문에 노인의 머리카락은 가늘어지고 거칠어지며 쉽게 빠진다. 노인의 피부혈관은 외부 요인(춥고 더운)의 자극에 맞게 수축되거나 확장되지 못한다. 따라서 체온조절이 잘 되지 않아 겨울에 추워하고 여름에 더워하며 감기와 일사병에 쉽게 걸린다. 성장호르몬의 감소로 얼굴의 근육은 줄어들고 골다공증으로 얼굴뼈도 감소되어 피부가 더욱 늘어지게 된다

둘째로, 감각기관의 변화이다. 노년기에는 눈의 수정체(水晶體)가 탄력성을 상실하고 안구 조절기능이 감소됨으로써 가까이에 있는 물체와 글씨가 잘 보이지 않아 원시가 되기 쉽다. 수정체의 퇴행성 변화로 인

해 혼탁현상이 생기면서 노인성 백내장(白內障)이 생기며, 어떤 경우에는 안압이 높아져 녹내장(綠內障)이 발생하기도 한다. 청각이 퇴화되는 현상은 보통 65세가 되는 나이에 발생되기 시작하는데 여자보다 남자에게서 더 많다.

셋째로, 순환기 계통의 변화와 혈관 경화현상이다. 나이가 듦에 따라 동맥경화가 쉽게 생긴다. 말초 소동맥이 경화되면 말초 순환 저해가 증대된다. 뇌혈관의 동맥경화는 뇌졸중, 뇌경색, 치매가 생길 수 있고 심장동맥의 경화는 협심증, 심근경색증을 일으킨다. 그러므로 고혈압은 노인에게 많이 발생하는 질병이 되고 있다. 정맥이 탄력을 상실하고 약화됨으로써 치질이 생기기도 하며 하지 정맥류가 잘 생긴다.

넷째로, 호흡기 계통의 변화다. 노인들은 호흡근육이 위축되고 무기력해지며 폐기종이 쉽게 생길 수 있기 때문에 폐활량이 젊은 층에 비해 훨씬 적어진다. 이는 노인들에게서 숨쉬기가 가쁘고 무력감이 생기는 주요 원인의 하나이기도 하다.

다섯째로, 위장 평활근의 근육섬유가 약해지고 위점막이 얇아지며 위의 수축기능이 약화되어 노년기에는 내장 하수증상이 생기기 쉽고 식사량이 줄어들고 소화가 잘되지 않는다.

여섯째로, 노년기에는 방광 근육의 위축으로 인하여 방광 괄약근의 위축으로 오줌을 자주 보며 요실금도 생긴다. 일부 남성 노인들은 전립선이 비대하여 오줌을 보기 힘들어하는 경우도 있다.

일곱째로, 노년기에는 기억력이 감퇴하고 잠을 깊이 들지 못하는 경우가 많으며 심한 경우 치매에 걸리기도 한다.

여덟째로, 노인들은 근육세포내의 수분이 감소하여 근육에 힘이 약해져 피로감을 쉽게 느낀다. 걸음걸이가 온전치 못하다.

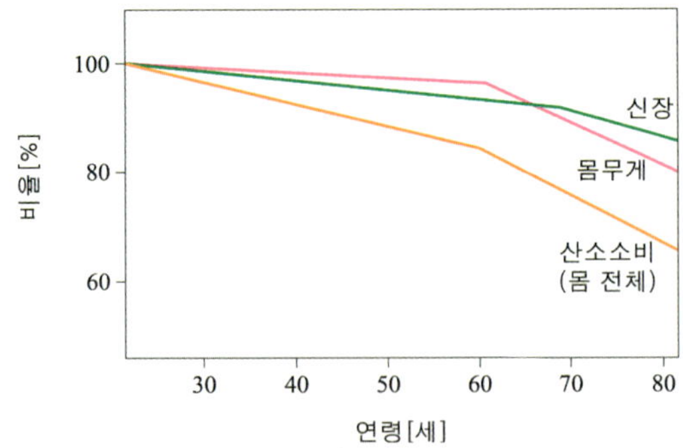

그림 1-2 노화에 따른 신체, 산소소비량의 변화

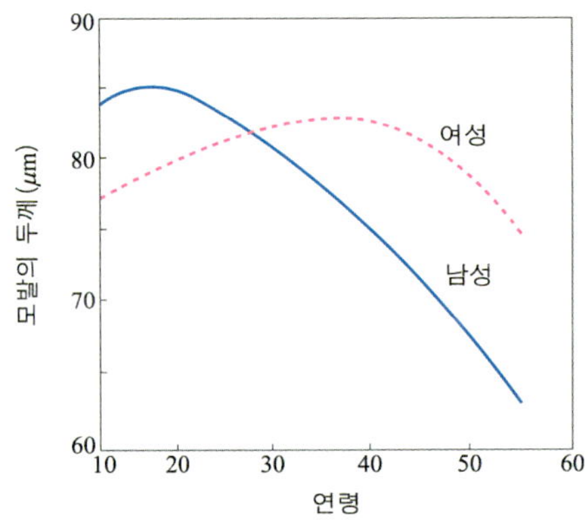

그림 1-3 연령에 따른 모발의 두께변화

그림 1-4 하루 24시간의 사이클

3 노화와 건강

웰빙 시대를 맞아 건강하게 나이를 먹으려면 어떻게 해야 할까? 무엇보다 건강해야 하고 여유 있어야 하며, 어떠한 상황에서든 즐겁게 생활하려는 긍정적인 정신이 필요하다. 그렇기 위해서는 우선적으로 신체적, 정신적인 밸런스를 유지해야 한다. 노화의 초기 증상은 정해진 순서 없이 갑자기 불쑥 찾아오는 경우가 대부분이다. 체중증가(體重增加), 피부노화(皮膚老化), 성적장애(性的障碍), 성욕감퇴(性慾減退), 시력(視力)과 청력(聽力) 감퇴, 기억력 저하(記憶力 低下), 탈모증(脫毛症), 관절 통증(痛症), 의욕 상실(意慾 喪失), 가슴 처짐, 근육 약화(筋肉 弱化), 체력 감소(體力 減少) 등과 같은 것이 노화의 징후(徵候)이다. 우리가 말하는 건강이란 인체의 조직이 서로 다른 성분 간의 균형 상태를 유지하는 것이다. 이런 의미에서 보면 노화(老化)를 예방하기 위한 노력은 20대 후반부터 생활화되어야 한다. 만약 늘어나는 주름을 보면서 그때부터 주름을 펴야 한다고 생각한다면 이는 노화예방(老化豫防)이라고 보기 어렵다. 사람에 따라 어떤 사람은 나이에 비해 늙어 보이고, 또 어떤 사람은 젊어 보이는 차이는 어디에서 오는 것일까?

노화의 진행은 유전적 요인, 식생활 습관의 차이, 환경적 요인과 스트레스에 의해 빨라질 수도 있고 느려질 수도 있는 것이다. 노화예방은 일상생활에서 실천하는 것이 좋다. 평소에 스트레스가 쌓이지 않도록 하고, 꾸준한 운동을 하며 규칙적인 식생활을 하면 된다. 흡연, 스트레스, 운동 부족은 건강에 해롭다. 흡연은 노화를 촉진할 뿐만 아니라 미용적인 측면에서도 치명적이다. 담배를 피울 때 생기는 니코틴은 혈중에서 흡입된 산소가 조직 내 세포로 운반되는 것을 방해하고 혈액 내 일산화탄소의 함량을 높여 동맥경련을 일으킨다. 또한 혈액응고(血液凝固)를 일으켜 혈전(血栓)을 만든다. 과도한 스트레스는 동맥경련을 일으키는 아드레날린(adrenalin)을 과다분비하고 심장동맥을 약화시키며, 만성 고혈압을 유발시킨다. 운동 부족은 림프(lymph)와 혈액순환을 방해하고 비만을 가져오며 성인병(成人病)의 주요 원인이다. 적당한 운동은 신진대사(新陳代謝)를 활발하게 하고 건강을 유지시켜 주며 정신적인 긴장을 풀어준다. 운동은 신체적 건강을 유지하는데 중요한 역할을 할뿐만 아니라, 스트레스를 해소한다든지 운동을 하는 동안 즐거움을 느끼게 하여 정신적 건강을 유지하는데 도움을 준다. 운동을 할 때는 순환기와 호흡기가 작용하여 영양소와 산소를 근육에 공급함으로써 운동에 필요한 에너지를 생산한다. 운동결과 생긴 노폐물은 호흡기와 배설기를 통해 몸 밖으로 배설된다. 운동을 지속적으로 일주일에 3번 이상하면 암뿐만 아니라 치매도 예방할 수 있다.

성인에 있어 몸의 균형을 유지하기 위하여 음식물의 흡수(吸收)와 배설(排泄)이 적절하게 균형을 이루어야 한다. 체지방이 비정상적으로 불어난 비만(肥滿)은 미적인 차원뿐만 아니라 여러 가지 질병의 원인이 된다. 갑상선 호르몬의 감소는 40대부터 시작되어 50대 이후에는 더욱 현저해진다. 아침에 일어났을 때 피곤하고 머리카락이 빠지며 피부가 건조해지는 증상을 동반한다. 특히 여성에 있어 40대 이후에 나타나는 폐경은 노화의 주요 요소이기도 하다.

그러면 노화는 어떻게 일어나는 것일까? 지금까지 나온 노화의 이론은 크게 두 가지로 요약된다. 그 하나는 일정 시기가 되면 늙어 죽도록 유전자(遺傳子)에 기록되어 있다는 것으로 이미 수록된 예정(豫定)된 프로그램(program)대로 살다가 죽을 수밖에 없다는 이론이고, 다른 하나는 살아가는 과정 중에 접하게 되는 여러 가지 환경적 요인(環境的 要因)에 의하여 점차 죽음의 길을 향해 늙어 간다는 이론이다. 노화 예정설(老化 豫定說)에서 주목받고 있는 것은 노화촉진유전자, 노화억제유전자의 존재 여부이다. 생명체의 노화과정은 태어날 때부터이며 유전자상에 정보화되어 있고, 이 정보에 따라 생명체 노화가 진행된다는 이론이다.

이와는 반대로 노화 환경설(老化 環境說)은 살아가는 과정에 노출된 여러 가지 환경 위해 요인들 때문에 세포나 조직이 손상을 입어 노화가 된다는 것이다. 다른 하나는 주위 환경에 의한 손상이 유전자, 세포, 조직에 누적되어 생물체의 전체 기능이 손상되어 노화가 된다는 이론이다. 노화 환경설에서 주목받고 있는 것은 유해산소에 대한 것이다. 사람이 호흡하는 과정에 들어온 산소는 세포 내의 미토콘드리아에서 포도당을 산화하여 에너지를 만드는 일을 하는데, 이 산소의 일부는 이곳에서 빠져 나와 에너지를 만드는 일에 쓰이지 못하고 멜라닌 세포를 자극하거나 세포막의 산화 및 변성을 일으키게 된다. 그 결과 유해산소는 기미·주근깨, 주름은 물론 동맥경화, 백내장, 신경질환, 관절염 등 각종 퇴행성 질환의 원인으로 작용한다. 노화와 관련되어서 의학적으로 증명된 가장 중요한 호르몬은 바로 성장 호르몬이다. 성장 호르몬은 소아에서는 키 성장에 관여하고 성인에게는 단백질 합성, 지방분해, 골밀도 증가에 필요하며 부족하면 불면증, 탈모, 복부비만, 근육감소, 피로, 의욕감소 등이 나타난다.

- 유전자조절이론(gene control theory) : 각 개인의 수명은 이미 개개인의 DNA 내에 유전자 프로그램으로 암호화되어 있다는 이론이다. 즉, 개개인의 몸에는 개별 생체시계가 있어 죽음에 이른다는 것을 말한다.
- 텔레머라아제 이론(telemerase theory) : 염색에 말단에 있는 텔레미어(telemere)가 텔레머라제라는 효소에 의해 분해됨으로서 세포분열이 저하되고 이로서 노화가 일어난다는 이론이다.

• 마모설(wear and tear theory) : 인간의 몸은 기계와 같은 것으로 계속해서 사용하게 되면 어느 부분이 닳아 결국은 못쓰게 된다는 이론이다.

• 유리기설(free radical theory) : 우리가 숨을 쉬기 위해서 체내로 흡입한 산소의 일부가 미토콘드리아에서 완전히 소멸되지 않고 불안정한 유리기(遊離基, free radical)상태로 존재하여 주위 세포와 조직을 공격해 노화를 일으킨다는 이론이다.

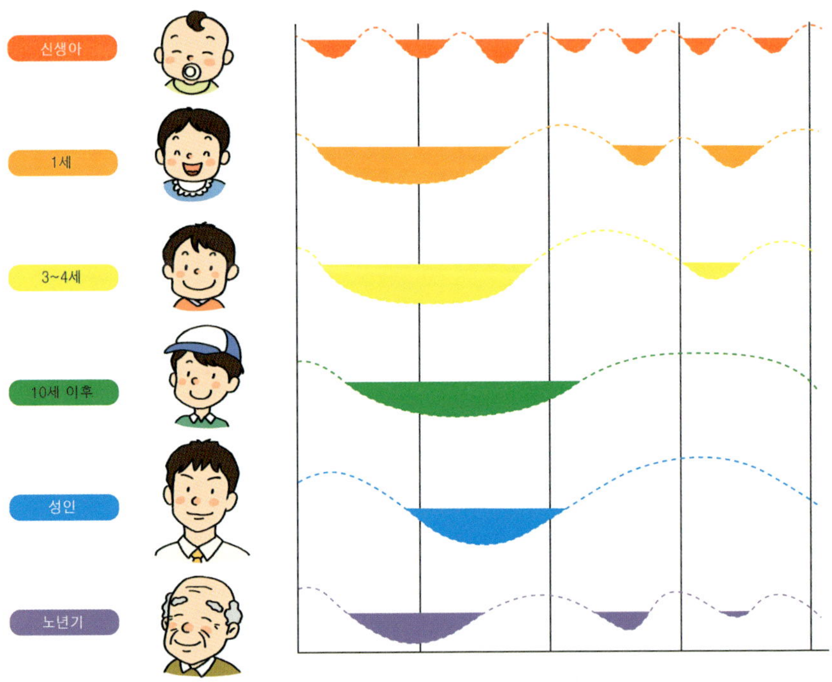

그림 1-5 수면의 리듬과 수면시간

수면장애의 주요 요인은 다섯 가지로 나누어 볼 수 있는데 첫째 환경적인 요인으로 소음, 고온다습, 조명등이 있으며 둘째 신체적요인은 코골이, 통증, 고열 등이 있다. 세 번째 생리적 요인은 야간근무, 시차의 부적응 등이 있으며 네 번째, 심리적 요인은 직장과 가정의 불화 등이 있다. 다섯번째는 호르몬 부족으로 성장 호르몬 부족과 폐경기때 여성 호르몬의 부족으로 인한 불면증이다.

그림 1-6 수면장애의 주요요인

4 음식과 운동

1) 미용을 위한 음식

어떻게 하면 아름다운 피부를 간직할 수 있을까? 아름다운 피부를 유지하기 위한 가장 기본적인 요건으로 다음과 같은 것을 들 수 있다.

표 1-1 피부와 모발의 미용을 위한 음식

피부를 희게 하는 비타민 C
• 기미, 주근깨 및 햇볕에 그을리는 것을 방지해준다. • 레몬, 토마토, 딸기, 양배추, 사과, 고추
모발의 성장에 좋은 단백질
• 단백질은 모발의 성장에 필요한 각종 아미노산을 공급해준다. • 달걀, 우유, 육류, 다시마, 김, 미역
혈색을 좋게 하는 철분
• 철분은 빈혈을 방지하여 혈색을 좋게 한다. • 시금치, 미나리, 조개, 소의 간, 정어리, 미역

미용에 해가 되는 것

- 지나치게 "달고, 짜고, 기름지고, 매운" 음식
- 단 음식(설탕) : 비만, 혈당 상승, 어린이의 주의력 결핍, 과잉 행동장애를 유발한다.
- 짠 음식(소금) : 고혈압·위암·뇌졸중
- 기름진 음식(지방) : 고지혈증, 내장비만, 고혈압, 심장질환

첫째, 아름다운 피부를 유지하려면 건강이 무엇보다도 최우선이다. 건강을 위해 우리는 자신의 키와 체중에 맞게 충분한 칼로리(Calori)와 균형 잡힌 영양(營養)을 섭취하여야 한다. 탄수화물(炭水化物), 단백질(蛋白質), 지방(脂肪), 무기질(無機質), 비타민 등을 골고루 섭취하는 것이 좋다.

사람의 혈액은 약알칼리성인 pH 7.4를 유지해야 하며, 혈액(血液)의 산성도(酸性度)가 높아지면 피부는 저항력(抵抗力)을 잃게 되므로 평소에 야채나 과일 등의 알칼리성 식품을 균형 있게 섭취하는 것이 좋다. 특히 비타민은 피부와 모발의 생리기능에 있어서 매우 중요한 역할을 하기 때문에 건강한 피부를 유지하는 데 필요한 영양소(營養素)이다. 우리의 몸은 스스로 균형을 유지하려는 능력이 있는데 이를 항상성(恒常性, homeostasis)이라 한다. 항상성은 외부 환경이 변해도 신체 내부는 항상 일정하게 유지하려는 성질을 말한다. 무기물 중 칼슘은 피부의 항상성을 유지하는 데 중요한 역할을 하고 있다.

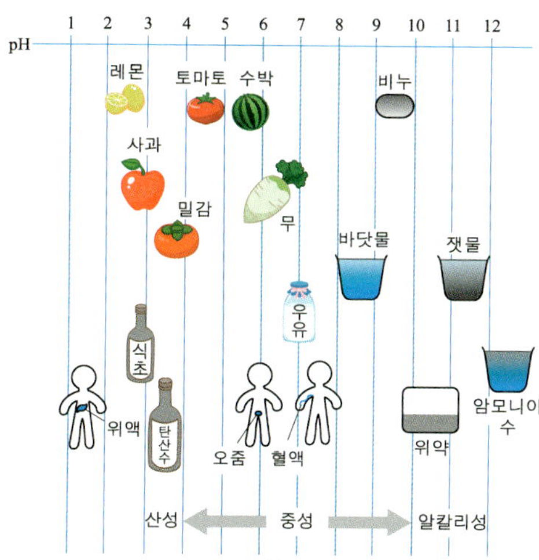

그림 1-7 여러 가지 물질들의 pH수치

둘째, 충분한 수면(睡眠)을 취한다. 수면은 피부에 영양과 산소(酸素)를 공급해주고 피부조직을 회복시켜주며 특히 심신의 피로회복에 절대적으로 필요하다. 그 이유는 잠을 자는 사이에 세포의 분열이 더욱 활발해지고 모세혈관(毛細血管)도 확장되어 영양분과 산소가 풍부한 혈액이 피부에 원활하게 공급되기 때문이다. 이때 같은 수면이라도 오랜 시간 얕은 잠을 자는 것보다 깊은 잠을 취하는 것이 좋다. 숙면은 노화방지 호르몬인 성장호르몬의 분비를 도와준다.

셋째, 적당한 운동(運動)을 한다. 몸을 오랫동안 움직이지 않게 되면 신체의 이곳저곳이 굳어져서 움직여야 할 경우에 움직일 수 없게 된다. 따라서 나이에 상관없이 각자에게 알맞은 적당한 양(量)과 질(質)의 운동이 필요하다. 과격한 운동을 하게 되면 근육(筋肉)에 젖산을 쌓이게 하므로 오히려 건강에 해로우며 걷기, 달리기, 허리 구부리기, 팔 굽히기, 윗몸 일으키기 등의 가벼운 운동을 꾸준히 지속적으로 하는 것이 중요하다. 이러한 운동을 피로하지 않을 정도로 매일 계속하면 건강한 상태를 유지하는 데 도움이 된다. 가장 좋은 운동은 평소보다 약 1.5-2배 속도로 항상 빨리 걷는 것이다.

그림 1-8 자신에게 맞는 규칙적인 운동

넷째, 건조해지지 않도록 한다. 봄철의 건조한 황사, 여름철의 지나친 에어컨의 사용은 피부를 건조하게 한다. 또 겨울철 실내의 오랜 난방도 피부를 건조해지게 만들 수 있다. 피부의 수분 감소는 잔주름의 원인이 될 뿐만 아니라 유연성과 투명한 피부를 유지하기 어렵게 한다. 어린이의 피부가 맑고 투명한 것은 성인에 비해 수분 함량이 많기 때문이며 이로 인해 잔주름이 없고 유연한 피부를 가질 수 있는 것이다. 아가들의 몸 전체의 수분 함량은 80% 정도이고 65세 이상의 노인의 수분함량은 50 ~ 55%이다.

다섯째, 봄과 여름철에는 자외선(紫外線)에 노출되지 않도록 주의한다. 자외선의 강도가 높아지는 시기는 계절적으로 봄과 여름철이다. 자외선은 피부를 검게 할 뿐만 아니라 피부 노화의 최대 원인이므로 특히 봄과 여름철에는 철저한 자외선 차단이 필요하다.

여섯째, 과음(過飮)과 흡연(吸煙)을 하지 않도록 한다. "술은 잘 마시면 약이 되고 잘못 마시면 독이 된다"는 말이 있듯이 적당한 양의 술은 혈액순환을 좋게 하고 잠이 잘 오게 하는 효과가 있다. 그러나 과음을 하게 되면 탈수현상이 일어나 피부가 거칠어지고 메마른다. 또한 간기능을 저하시켜 해독작용을 늦추며 혈색이 좋지 않게 되고 기미가 끼는 경우도 있다. 흡연을 하게 되면 담배의 니코틴 성분이 체내로 유입되고, 이는 혈액순환을 방해시켜 혈색을 어둡게 한다. 따라서 과음과 흡연은 피부 미용의 적이라 볼 수 있다.

2) 운동의 효과

우리가 섭취한 음식물 속의 영양소는 소화기관을 거쳐 분해되고, 소장에서 흡수되어 혈액을 통해 심장으로 들어간다. 심장은 소장에서 흡수된 영양소와 호흡 운동에 의해 체내에 들어온 산소를 온몸의 조직 세포에 공급한다. 영양소와 산소를 공급받은 세포는 호흡과정을 통해 영양소를 분해하는데, 이때 많은 양의 에너지가 생성된다. 이와 같이 우리 몸의 각 기관들은 상호 밀접한 관계를 가지고 있다.

운동은 순환계의 기능을 강화시켜 준다. 정기적으로 운동을 하면 심장이 강해져서 한번의 심장 박동으로 더 많은 혈액이 순환하게 된다. 이렇게 되면 심장이 빠르게 뛰지 않고도 몸에 필요한 산소와 영양소를 공급하고 이산화탄소와 노폐물을 제거하게 되어 심장이 원활한 기능을 할 수 있다. 정기적으로 운동을 하면 심장의 근육이 발달하고 심장에 있는 혈관의 수가 많아져 한 번의 수축으로 더 많은 혈액을 순환시킬 수 있어 심한 운동에도 근육이 피로하지 않게 된다. 미국에서 8년간 13,000명의 운동 습관을 연구한 결과 매일 30 ~ 60분씩 일주일에 4 ~ 5번 걷기운동을 한 사람들의 사망률이 운동을 하지 않은 사람보다 60%나 더 낮았다.

콜레스테롤, 지방 및 칼슘 성분이 동맥의 혈관 내부에 달라붙어 동맥이 좁아지면서 탄력을 잃게 되는 동맥 경화가 일어나며, 이에 따라 혈액의 순환이 잘 되지 않아 혈관이 높은 압력을 받게 된다. 이러한 고혈압은 협심증, 뇌졸중, 심근경색 등의 순환기 질환을 유발할 수 있다. 또한, 지나치게 혈압이 높아지면 대뇌의 모세혈관이 터지는 뇌출혈이 일어나고 이로 인해 몸의 마비 현상이 오거나 생명을 잃을 수도 있다. 따라서 고혈압을 예방하기 위해서는 균형있는 식생활과 함께 적당한 운동을 해야 한다.

호흡기관도 순환기관과 함께 운동을 도와주는 기관이다. 호흡은 늑골과 횡격막의 상하 운동에 의하여 폐로 공기가 드나들게 한다. 정기적으로 운동을 하는 경우 늑골을 움직이는 근육이 발달한다. 이렇게 되면 늑골속의 공간이 넓어져 한 번의 호흡으로 더 많은 공기를 흡입할 수 있으며, 아울러 더 많은 공기를 내보낼 수 있다. 따라서 호흡량은 운동량을 평가하는데 중요한 기준이 된다.

5 식사와 건강

1) 식사의 중요성

우리는 살아가기 위해 매일 식사(食事)를 한다. 식사를 제때 하지 않으면 배가 고프고 기운이 없어 생활을 하거나 일하기가 힘들어진다. 그 이유는 음식이 우리에게 일상 활동을 하며 살아갈 수 있는 에너지(energy)를 공급하기 때문이다. 식사는 우리의 생활을 즐겁게 해주기도 한다. 좋아하는 음식을 먹을 때 우리는 행복감을 느낀다. 따라서 가족이 함께 모여 식사를 할 때 가정은 더욱 화목해지고, 친구와 만나 음식을 나누어 먹으면 우정이 더욱 깊어질 수 있다. 또한 피로하거나 우울할 때 따뜻한 우유나 시원한 주스 한 잔을 마시면 기분이 전환되어 상쾌해지는 것을 종종 경험한다. 이렇게 음식을 먹는 것은 가정이나 사회생활에서 우리의 몸과 마음을 건강하게 해줄 수 있다. 식사는 우리 몸을 성장 발달시키고, 일상 활동을 할 수 있는 원동력을 제공하며, 심리적인 즐거움과 안정감을 준다.

하루 세 끼의 식사를 균형 있게 하는 것은 매우 중요하다. 하루 세

끼 중 가장 중요한 것은 아침 식사이다. 저녁 식사와 아침 식사 사이에는 10 ~ 12시간의 간격이 있다. 저녁 식사 후에 활동하지 않고 잠만 자더라도 우리의 신체는 혈액, 간, 근육에 저장되어 있는 포도당을 심장, 뇌, 세포 등에 공급한다. 아침이 되면 신체는 절반 이상의 포도당을 사용하여 탄수화물이나 포도당의 보충을 필요로 하는 '단식(fast, 斷食)' 상태가 된다. 이러한 단식 상태를 중지한다는 의미에서 아침 식사를 영어로 break(중단하다)와 fast(단식)을 합해서 'breakfast'라 하는 것이다. 그러나 아침에 식사를 하지 않고도 아침이 상쾌하게 느껴지는 것은 수면으로 인해 피로가 풀렸기 때문이다. 우리의 두뇌와 산소를 옮기는 적혈구와 신장의 세포는 포도당이 주 에너지원이기 때문에 아침에 식사를 조금이라도 하는 것이 꼭 필요하다.

자신의 건강 계획서 작성

자신의 평소 생활 습관을 분석하고, 그것이 건강에 어떤 영향을 미치는지 알아보자.

1. 나는 몇 시에 취침을 하는가?
2. 나의 수면시간은?
3. 나의 기상 시간은?
4. 내가 좋아하는 음식은?
5. 내가 좋아하는 간식은?
6. 흡연, 음주 정도는?

앞의 결과를 바탕으로 이러한 생활습관이 나의 건강에 어떤 영향을 미칠지 생각해 보기로 하자.

2) 음식과 영양

음식은 한자로 '마실 음(飮)'과 '먹을 식(食)'이 합쳐져 만들어진 말로 "사람이 먹고 마시는 것"을 말한다. '식(食=人+良)'이라는 말은 "사람(人)을 좋게(良) 만든다"는 뜻이다. 즉 음식은 몸에 이롭게 작용해야 하며 독이 되어서는 안된다. 우리가 먹는 음식 중에서 인체에 직접 필요한 영양소를 함유한 것을 식품(食品)이라 부른다. 식품이란 한가지 이상의 영양소를 함유하고 있고, 유해성분이 없으며 사람이 먹을 수 있고 소화 흡수가 가능한 천연물이나 가공물을 말한다. 식품의 종류는 헤아릴 수 없을 정도로 많으며, 민족이나 문화에 따라 다양하다. 사람은 생명을 유지하고 생활하는데 필요한 영양소를 식품을 통해 얻고 있는데, 어느 지역의 어떤 종류의 식품이라고 하더라도 그 식품에는 각종 영양소가 함유되어 있다.

영양소란 식품의 성분 중에서 우리 몸을 구성하거나 에너지원으로 사용되는 물질을 말한다. 식품이 우리에게 일상 활동(活動)과 성장(成長)을 위한 원동력을 제공하는 것은 영양소가 들어 있기 때문이다. 식물은 광합성(光合成)에 의해 스스로 영양소를 만들지만, 사람과 동물은 체내에서 영양소를 만들 수 없기 때문에 외부로부터 섭취하여야 필요한 영양소를 얻을 수 있다. 영양소는 우리 신체를 형성해주고 몸의 기능을 유지시킨다. 그리하여 우리는 생명을 유지하고, 성장하며, 일상 활동을 하는 것이다.

이때 우리가 생명을 유지하고 몸을 성장시켜 나가기 위하여 필요한 성분을 섭취하는 과정을 통틀어 영양(營養)이라고 한다. 우리는 '영양가(營養價)가 있는 음식'이라는 말을 자주 듣는다. 이 말은 그 음식에 여러 가지 영양소가 골고루 들어 있어서, 먹으면 체내에서 잘 이용되어 건강에 이롭다는 뜻을 가지고 있다. 영양소가 체내에서 잘 이용될 때, 즉 영양이 정상적으로 이루어질 때 신체는 건강한 모습이 되고 질병에 대한 저항력도 커진다. 영양상태가 좋으려면 모든 영양소가 적절하게 체내에 공급되어야 한다. 또한 필요한 모든 영양소가 골고루 충분히 들어 있는 식사를 꾸준히 할 때 영양상태가 좋아지고 건강하게 된다. 이러한 식사를 '균형잡힌 식사'라고 표현한다. 오랫동안 균형이 잡히지 않은 식사를 하게 되면 체내에 한두 가지 또는 모든 영양소가 부족하거나, 너무 많게 되어 영양상태의 균형이 깨어지고 결국 건강을 잃게 된다.

영양부족(營養不足)이란 필수 영양소의 부적절한 섭취에 의해 일어나는 영양의 부족 상태를 가리킨다. 많은 양의 음식을 섭취하더라도 비타민이나 다른 영양소가 결핍된 식사를 한다면 신체에 심각한 영양부족을 가져오게 된다. 균형 있는 식사는 비타민과 영양소의 결핍을 막는 최선의 대비책이라 볼 수 있다.

굶주림으로 에너지와 단백질이 결핍되면 몸이 마르고 기운이 없고 쇠약해지며, 반대로 탄수화물이나 지방을 지나치게 섭취하여 비만해지는 것은 영양상태의 불균형에 의한 것이다. 단백질을 오랜 기간 부족하게 섭취하면 성장이 늦어지거나 체내에 수분이 정체되는 부종, 피부염, 피부와 머리카락의 변색, 간 질환, 면역기능 저하 등이 나타난다.

그러나 아무리 영양이 풍부한 음식물을 섭취하였다 하더라도 체내에서의 소화 흡수가 잘 이루어지지 못하면 영양 상태는 결코 좋아질 수 없다. 따라서 위장을 튼튼하게 하여 소화 불량이 생기지 않도록 하고 소화 흡수가 잘 되게 하는 것이 무엇보다 중요하다. 영양상태가 나쁘게 되면 미용적으로 중요한 피부, 모발, 손톱 등에 이상을 초래하기 쉽다. 표 1-2에서 보는 바와 같이 영양이 좋은 상태일 때 피부는 색이 좋고 혈액순환이 잘 되며 모발과 손톱에는 윤기가 생겨나는 것을 볼 수 있다. 반대로 영양이 나쁜 상태일 때는 피부가 창백하고 혈액순환도 불량하다. 또한 모발과 손톱도 윤기가 없고 거친 상태가 된다.

표 1-2 영양상태의 비교

구분	영양이 좋은 상태	영양이 나쁜 상태
피부	색이 좋고 혈액순환이 양호하다.	창백하고 혈액순환이 불량하다.
모발	윤기와 탄력이 있고 촉촉하다.	윤기와 탄력이 부족하고 푸석푸석하다.
손톱	윤기가 있고 불그스레하며 표현이 고르다.	쉽게 부러지고 가로줄이나 검은 띠가 보이며 표면이 균일하지 않다.
소화	식욕과 소화기능이 좋고 배설이 규칙적이다	소화가 불량하며 식욕이 저하되어 변비나 설사가 자주 있다.

6 영양소의 섭취

1) 영양소의 기능

영양소의 종류는 수십종이 있는데, 이들은 크게 탄수화물, 단백질, 지방, 비타민, 무기질, 물 등으로 나뉜다. 식품에는 영양소 이외에 섬유질, 색소 맛과 향기 성분 등이 들어 있다. 이들은 식품을 먹음직스럽게 하여 식욕을 돋구어주며, 특히 섬유질은 대변(大便)의 배설을 좋게 해주기도 한다. 영양소는 우리 몸에서 각자의 역할이 있는데, 이들은 개별적으로는 제대로 기능을 발휘할 수 없고 다른 영양소의 도움을 받아야 가능해진다. 예를 들면 무기질과 단백질은 함께 있어야 서로 도와 뼈를 튼튼하게 할 수 있다. 이것은 마치 배구나 축구 등과 같이 팀을 이루어 경기를 하는 것과 같다. 영양소들은 체내에서 하나의 팀으로서 작용하여 에너지를 제공하고, 신체 조직을 만들고 유지시키며 몸의 기능을 조절한다. 그러면 영양소의 주요 기능은 무엇인지 살펴보자.

첫째, 에너지(열량이라고도 함)를 공급한다. 우리가 호흡하고, 심장이 뛰고, 피가 흐르며, 음식물을 소화시키고, 걷거나 손발을 움직이는 등 모든 활동에 에너지가 필요하다. 우리가 책을 읽고 생각하는 두뇌활동에도 에너지가 쓰인다. 인체는 이러한 에너지를 탄수화물, 단백질, 지방으로부터 얻는다. 1g당 탄수화물 4kcal, 단백질 4kcal, 지방 9kcal의 에너지를 낸다. 그러므로 각 식품이 낼 수 있는 에너지의 양은 탄수화물, 단백질, 지방의 함량에 따라 달라진다. 참고로 1kcal는 물 1L의 온도를 1℃ 높일 수 있는 에너지에 해당된다. 이 에너지는 세포속의 미토콘드리아에서 만들어지게 된다.

둘째, 신체 조직(身體 組織)을 만들고 유지시킨다. 우리 몸을 형성하는 모든 세포는 기본 구성성분으로 단백질을 함유한다. 뼈와 치아가 단단한 것은 칼슘이 들어 있기 때문이다. 물은 체중의 3분의 2 정도를 차지하고, 혈액을 비롯한 체내의 모든 조직에 퍼져 있다. 혈액에는 적혈구를 구성하는 철분이 있어야 산소를 제대로 공급할 수 있다. 뇌, 신경조직에는 적은 양의 지방이 들어 있다. 폐, 심장, 신장 등 주요 장기는 지방으로 둘러싸여 보호받는다.

셋째, 몸의 생리기능(生理機能)을 조절(調節)한다. 피부가 건강하고 눈이 사물을 볼 수 있으려면 비타민 A가 있어야 한다. 세포의 삼투압(滲透壓)을 일정하게 하려면 나트륨(natrium)과 염소(chlorine)가 필요하다. 철분(鐵分)은 헤모글로빈(hemoglobin) 합성을 도와 산소의 공급을 원활하게 한다. 비타민 D는 뼈와 치아를 튼튼하도록 돕는다. 비타민 C는 혈관(血管)을 튼튼하게 하고 상처회복을 돕는다. 비타민 B군은 인체에 필요한 에너지가 잘 생성되도록 해준다. 비타민 K는 출혈 시에 지혈을 하도록 돕는다.

- 영양(營養)이란?
  인간이 생명을 유지하고 몸을 성장시켜 살아가기 위하여 필요한 성분을 섭취하여 건강을 유지하는 상태를 말한다.
- 영양소(營養素)란?
  건강을 유지하기 위하여 외부로부터 섭취하는 물질이다. 탄수화물, 단백질, 지방, 비타민, 무기질, 물, 섬유질이 영양소에 해당한다.

- 3대 영양소 : 탄수화물(carbohydrate), 단백질(protein), 지질(lipid)
- 5대 영양소 : 3대 영양소 + 무기질(mineral), 비타민(vitamin)
- 6대 영양소 : 5대 영양소 + 물(water)
- 7대 영양소 : 6대 영양소 + 식이섬유

2) 식품 구성탑

어떻게 하면 인체가 필요로 하는 영양소를 골고루 섭취할 수 있을까? 균형 잡힌 식사를 하는 방법을 찾아보기로 하자. 우리는 모든 영양소를 식품에서 얻는다. 우리가 섭취하는 식품은 무수히 많지만 각각 고유한 성분과 영양소를 함유하고 있다. 우리에게 필요한 영양소를 한꺼번에 줄 수 있는 식품은 한 가지도 없으며, 각 식품들이 함유하고 있는 영양소의 종류와 양도 다양하다. 그러므로 여러 가지 식품을 적절하게 섞어 먹어야 필요한 모든 영양소를 골고루 섭취할 수 있다. 따라서 균형잡힌 식사를 하려면 영양소별 기준을 정해서 만들어놓은 '식품 구성탑(食品 構成塔)'을 잘 이해하면 균형 잡힌 식사를 하는 데 도움이 된다.

식품 구성탑이란 1995년 한국영양학회에서 우리가 먹는 식품을 영양소 조성이 비슷한 식품끼리 다섯가지 군으로 분류하여 각각의 식품군이 식사에서 차지하는 중요성과 섭취할 양을 5층짜리 건축물에 비유해 각 식품군의 위치를 알기 쉽게 제시한 것이다. 즉, 식품구성탑의 5가지 식품군을 골고루 섭취해야 균형있는 영양섭취를 할 수 있다.

가장 크고 바탕이 되는 1층에는 주식(主食)으로 많이 섭취되는 곡류(穀類) 및 전분류(澱粉類)가 위치하며, 2층에는 김치, 나물 또는 후식으로서 섭취가 많은 채소 및 과일류가 있다. 3층에는 반찬(飯饌)으로 섭취되는 고기·생선·달걀·콩류가 위치한다. 4층에는 섭취량은 적으나 칼슘 섭취를 위해 중요한 우유 및 유제품이 놓여 있다. 가장 작은 5층에는 섭취량이 매우 적으며, 조리용 기름을 제외하고는 적게 먹기를 권장하는 유지(油脂) 및 당류(糖類)가 위치한다. 여기서 유지란 동식물에서 얻어지는 기름성분을 말하는 것이고, 당류란 물에 녹으면 단맛이 있는 탄수화물(예. 포도당, 과당, 맥아당)의 총칭으로 줄여서 "당(糖)" 또는 단맛을 내는 성분이란 뜻으로 "당분(糖分)"이라고도 한다. 그러면 각 층에 대해 구체적으로 알아보자.

첫째, 쌀, 보리 등의 곡류 및 전분류는 탄수화물을 주로 함유하여 에너지를 공급한다. 그밖에 단백질도 공급하며, 현미나 잡곡의 경우 비타민 B군과 섬유질을 공급한다. 현미나 잡곡은 각기병과 비만을 예방해 준다.

둘째, 채소 및 과일류는 무기질, 비타민 A, 비타민 B, 비타민 C를 주로 공급하고, 섬유질도 많이 함유한다. 녹황색 채소에 들어 있는 카로틴이 체내로 흡수되면 비타민 A로 전환된다. 따라서 카로틴을 프로비타민 A라 부르기도 한다.

셋째, 고기·생선·달걀·콩류는 주로 질이 좋은 단백질과 지방, 철분을 공급한다.

넷째, 우유와 유제품은 칼슘을 주로 공급하며, 골다공증(骨多孔症)의 예방에도 효과적이다.

다섯째, 유지방 및 당류는 지방과 탄수화물을 함유하지만 섭취량이 적어 에너지원으로서는 중요하지 않다. 따라서 조리에 필요한 기름을 제외하고는 되도록 적게 섭취하는 것이 질병 예방이나 건강 유지에 바람직하다.

그림 1-9 식품 구성탑

식품 구성탑을 보면 위로 올라갈수록 좁아진다. 이 탑의 균형을 유지하기 위해 밑단이 넓어야 하는 것처럼 건강을 유지하려면 위에 포함된 식품들은 적게, 아래에 위치한 식품들은 충분히 그러나 적정량을 먹어야 한다. 표준 체격(남자 174cm, 67kg ; 여자 160cm, 54kg)을 가진 건강하고 비교적 활발한 활동을 하는 젊은 성인의 경우 1일 섭취 에너지는 남자의 경우 2,500kcal, 여자는 2,000kcal이다.

7 산성 식품과 알칼리성 식품

앞에서 살펴 본 바와 같이 건강하고 매력 있는 신체와 아름다움을 유지하기 위해서는 알맞은 영양을 균형 있게 섭취하는 것이 무엇보다도 중요하다. 이 균형 잡힌 식생활을 위해서는 산성 식품과 알칼리성 식품을 또한 고루 섭취하여야 한다. 식품의 산성과 알칼리성은 식품이 완전히 소화되었을 때 생성된 무기물의 종류에 따라 결정된다. 무기물 중 인(P), 황(S), 염소(Cl)가 많이 함유된 경우 산성 식품으로 구분하고, 칼슘(Ca), 칼륨(K), 나트륨(Na), 철분(Fe)이 많은 경우 알칼리성 식품으로 구분하고 있다. 인, 황, 염소 등의 무기질은 수용액에서 산성을 나타내고, 칼슘, 칼륨, 나트륨, 철분은 수용액에서 알칼리성을 나타내기 때문이다.

산성 식품에는 돼지고기, 쌀, 소시지, 비스킷, 백설탕 등이 있고, 알칼리성 식품에는 우유, 토마토, 오이, 당근, 시금치, 포도, 밀감, 사과 등이 있다. 만약 우리가 평소에 산성 식품으로만 섭취되게 되면 혈액의 산성도가 증가하게 되고, 그 결과 피부가 민감화 되거나 동맥경화, 고혈압 등의 증세가 나타난다. 정상 체질의 경우 혈액의 pH가 7.36 ~ 7.44인데

반해 산성 체질인 경우 혈액의 pH는 7.36 이하이다.

흔히 산성 식품을 신맛을 내는 식품으로 착각하기 쉬운데 사과, 밀감과 같은 과일류는 알칼리성 식품에 속한다. 대표적인 알칼리성 식품인 과일과 야채는 비타민과 미네랄이 풍부하여 피부 노화의 지연에도 효과적이다. 여기에 포함된 비타민은 수용성이 대부분이므로 한꺼번에 과잉 섭취하게 되면 여분의 비타민이 모두 배설되고 만다. 따라서 얼마나 많이 먹었는가가 더 중요하다. 또 알칼리성 식품만으로는 인체에 필요한 영양소를 모두 충당할 수 없으므로 산성 식품과 알칼리성 식품을 균형 있게 섭취해야 한다는 것은 아무리 강조하여도 지나치지 않다.

표 1-3 산성 식품과 알칼리성 식품

구 분	예
약알칼리성 식품	감자, 고구마, 아스파라거스, 죽순, 우엉, 고사리, 연근, 두부, 사과, 배, 파인애플, 복숭아, 무
강알칼리성 식품	우유, 시금치, 토마토, 오이, 당근, 샐러리, 인삼, 밀감, 포도, 곤약, 다시마
약산성 식품	햄, 버터, 달걀, 새우, 전복, 낙지, 대합, 문어, 오징어, 뱀장어, 민물고기, 메밀, 초콜릿, 파
강산성 식품	쇠고기, 돼지고기, 다랑어, 청어, 넙치, 치즈, 쌀, 보리, 빵, 땅콩, 소시지, 비스킷, 백설탕

건강한 사람의 경우 체액은 항상 약알칼리성을 유지할 수 있는 구조로 되어 있으므로 알칼리성 식품보다 산성 식품을 많이 먹더라도 체액이 산성으로 되는 일은 없으며 알칼리성 식품을 많이 먹었다고 알칼리성이 더 강해지는 것은 아니다. 그러나 어느 한쪽으로만 편식(偏食)을 하게 되면 건강상의 문제가 생긴다. 알칼리성 식품이 산성 식품보다 건강에 좋다거나 우수하다고 말할 수 없다. 편식으로 산성 식품만을 오랫동안 계속해서 먹으면 체질이 산성으로 바뀔 수 있다. 체질이 산성으로 기울게 되면 체내 대사가 바뀌게 되며 각종 성인병(成人病)의 발병률(發病率)도 높아지게 된다.

신맛을 내는 사과는 산성 식품일까?

식품은 주로 어떤 무기질로 구성되어 있느냐에 따라 산성 식품과 알칼리성 식품으로 분류된다. 식품을 연소시켰을 때 대부분의 야채와 과일은 Na^+와 같은 염기성 이온을 남기기 때문에 알칼리성 식품이라고 한다. 반면, 육류와 생선류는 Cl^-과 같은 산성 이온을 남기기 때문에 산성 식품이라고 한다. 버터나 설탕은 염기성 이온이나 산성 이온을 남기지 않기 때문에 중성 식품이다.

2

CHAPTER

영양소

nutrition & health

1

영양소의 종류와 기능

우리가 먹는 음식물 속에는 다양한 영양소가 들어 있어서 건강을 유지하게 하고, 일상생활과 활동에 필요한 에너지를 공급해준다. 우리의 몸은 체중의 3분의 2를 차지하는 물과 단백질, 지방, 무기질, 탄수화물 등으로 이루어져 있고, 이들이 일정하게 존재하여야 건강이 유지된다. 즉, 건강을 위해 가장 먼저 생각해야 할 것은 필요한 영양소를 어떻게 섭취하는가이다. 영양이 좋다는 것은 일련의 생명활동이 원활하게 이루어지고 있다는 것을 의미한다. 우리는 초등학교 때부터 '5대 영양소'에 대해 귀에 못이 박히도록 들어 왔다. 5대 영양소란 탄수화물, 단백질, 지방, 비타민, 무기질을 말한다. 탄수화물 = 밥, 단백질 = 생선과 고기, 지방 = 기름과 버터, 비타민과 무기질 = 과일과 채소, 해조류의 등식을 생각하면 알기 쉬울 것이다. 그리고 6대 영양소로 물, 7대 영양소로 섬유질을 포함한다.

이것은 어느 한 영양소의 중요성은 우선순위로 매겨 놓은 것이 아니라 모든 영양소가 진주 목걸이처럼 연결되어 제각기 다른 역할을 충실히 하고 있음을 의미한다. 진주 목걸이의 알 하나가 빠지면 우르르 구슬이 빠지고 목걸이로서의 기능을 할 수 없는 것처럼 영양소들은 각각 제 역할을 다하면서 서로 더불어 존재하고 있다.

표 2-1 5대 영양소의 종류와 주요 기능

구 분	주요 기능
탄수화물	에너지원
단백질	에너지원, 조직구성(근육), 생리기능 조절
지방	에너지원, 조직구성
비타민	생리기능 조절
무기질	조직구성(뼈), 생리기능 조절

탄수화물, 단백질, 지방은 에너지를 공급해주는 역할을 하고, 비타민과 무기질은 인체의 기능을 조절하는 효소의 작용이 원활하게 이루어지도록 돕는다. 피부의 영양은 크림이나 외용약에 의해 이루어지는 것이 아니라 대부분 체내로부터 얻어진다. 따라서 음식물의 섭취는 탄수화물, 단백질, 지방, 무기질, 비타민의 균형이 잡히도록 골고루 해야 하며 수분도 충분히 보충해 주어야 한다. 수분이 부족하면 바람 빠진 풍선처럼 세포도 쭈글쭈글해진다.

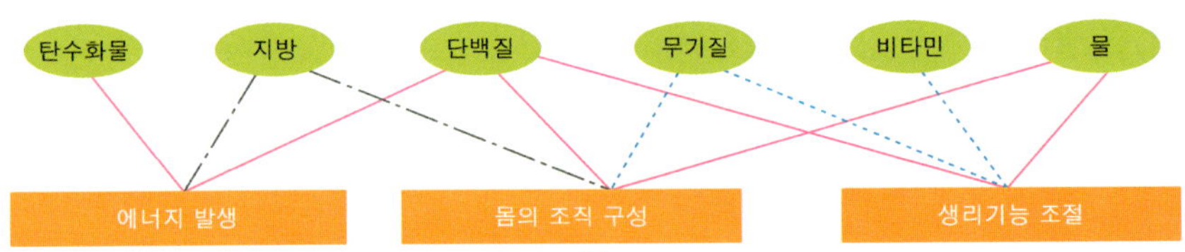

그림 2-1 영양소의 상호 연관성

표 2-2 5대 영양소의 기능별 분류

주요기능	영양소의 종류	비유
에너지 발생	탄수화물, 단백질, 지방	휘발유에 비유할 수 있음
몸의 조직 구성	단백질, 지방, 무기질, 물	자동차에 비유할 수 있음
생리기능 조절	단백질, 무기질, 비타민, 물	윤활유에 비유할 수 있음

우리가 힘을 내는 데 필요한 영양소인 탄수화물, 단백질, 지방은 아무리 풍부하게 존재해도 비타민과 무기질의 도움을 받지 않으면 제대로 에너지를 만들어내지 못한다. 이렇게 되면 잘 먹고 있는 것 같은데도 불구하고 힘을 제대로 못쓰게 되고 늘 피곤과 무기력에 시달리는 경우가 많아진다. 따라서 균형 있는 영양소의 섭취는 건강을 위해 매우 중요한 것이다

2

단백질

단백질을 영어로 "프로테인(protein)"이라 하는데, 이는 그리스어로 "가장 중요하다"는 의미의 "Proteinos"가 어원으로 생명 유지에 중요한 역할을 담당하고 있다는 뜻이다. 단백질이란 이름 자체는 달걀의 흰자[한자어로 단백(蛋白) 또는 난백(卵白)이라 함]를 이루는 물질(物質)이라고 해서 단백질(蛋白質)이라 부르게 된 것이다. 단백질은 탄수화물이 에너지원으로 공급되지 않을 때 급하게 에너지원으로 동원되어 사용되기도 한다. 예를 들어 뱃살을 빼기 위해 밥을 안 먹게 되면 얼굴의 살이 먼저 빠져 볼이 쏙 들어가게 되는데 이것은 단백질이 빠져나갔기 때문이다. 살이 찔 때는 지방부터 쌓여 뱃살부터 찌지만, 무조건 굶어 살을 뺄 때는 단백질이 지방보다 우선적으로 소모되어 얼굴이 쪽 들어가게 되는 것이다. 또한 단백질은 호르몬, 항체, 신경전달물질을 만드는 기본이 되며, 그 중에서 가장 중요한 것은 효소를 만드는 작용이다. 따라서 단백질의 공급이 원활하지 못하게 되면 효소의 생성과정에 문제를 일으키게 된다.

단백질은 우리 몸의 구성에서 빼놓을 수 없는 영양소로 모발, 손톱,

발톱, 근육, 뼈 등을 구성한다. 단백질을 이루는 것은 아미노산으로 약 20종이 존재한다. 단백질의 성질은 이들 아미노산의 종류와 결합 형태에 따라 달라진다. 아미노산은 종류에 따라 인간의 체내에서 만들어지기도 하지만 체내에서 만들어지지 않는 것도 있다. 이처럼 체내에서 합성되지 않아 반드시 외부로부터 섭취해야 하는 것을 필수 아미노산이라 한다. 따라서 필수 아미노산을 균형 있게 함유하고 있는 단백질은 영양가가 높은 양질의 단백질이라 할 수 있다. 육류나 어패류에 함유된 동물성 단백질은 필수 아미노산을 균형 있게 함유하고 있는 양질의 단백질 식품이다. 반면에 콩이나 곡물 등에 함유된 식물성 단백질은 필수 아미노산이 1 ~ 2 종류 부족하기 하지만, 이 중 콩과 쌀은 비교적 우수한 편에 속한다. 동물성 단백질도 고기나 생선의 종류에 따라 다소 차이는 있다. 고기나 생선, 달걀 등은 양질의 단백질을 섭취할 수 있는 식품이지만, 이들 동물성 식품에는 콜레스테롤이나 지방도 많이 함유되어 있으므로 적당한 섭취를 하여야 한다.

필수 아미노산을 균형있게 함유한 동물성 식품은 흡수 효율은 좋지만, 비만 방지나 성인병 예방을 위해서 육류, 지방분이 많은 생선의 경우 석쇠에 굽거나 삶는 등의 조리법으로 지방을 빼고 먹는 것이 좋다. 단백질을 과잉으로 섭취하게 되면 골다공증의 원인이 된다. 그 이유는 소화 흡수되지 않는 단백질이 칼슘과 결합하여 배출되기 때문이다. 특히 신장 기능이 저하된 사람은 과잉섭취를 주의해야 한다.

성장기의 어린이, 격렬한 운동이나 육체노동을 하는 사람은 단백질의 소비량이 많기 때문에 단백질의 충분한 섭취가 필요하다. 또 간장장애(肝腸障碍)가 있는 사람은 단백질이 부족하면 간기능이 저하되기 쉬우므로 충분하게 섭취하도록 한다. 하루의 필요량은 성인의 경우에 남자는 70g, 여자는 60g정도이다. 나이가 들어 50세 이상이 되면 성장 호르몬의 감소로 인하여 근육이 줄기 때문에 단백질의 섭취는 10% 정도 더 늘리는 것이 좋다. 단 수육 등 가급적 기름기를 제거한 단백질이 좋다.

표 2-3 단백질 함유량이 높은 식품의 예

식품	함유량
오징어(250g)	39g
참치(100g)	28g
메밀국수(200g)	24g

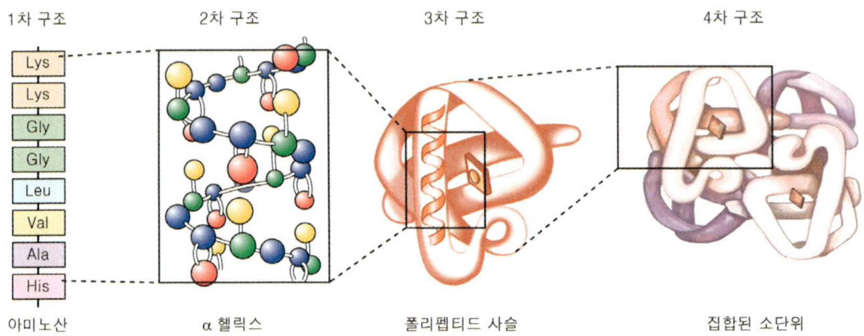

그림 2-2 단백질의 1차, 2차, 3차, 4차 구조

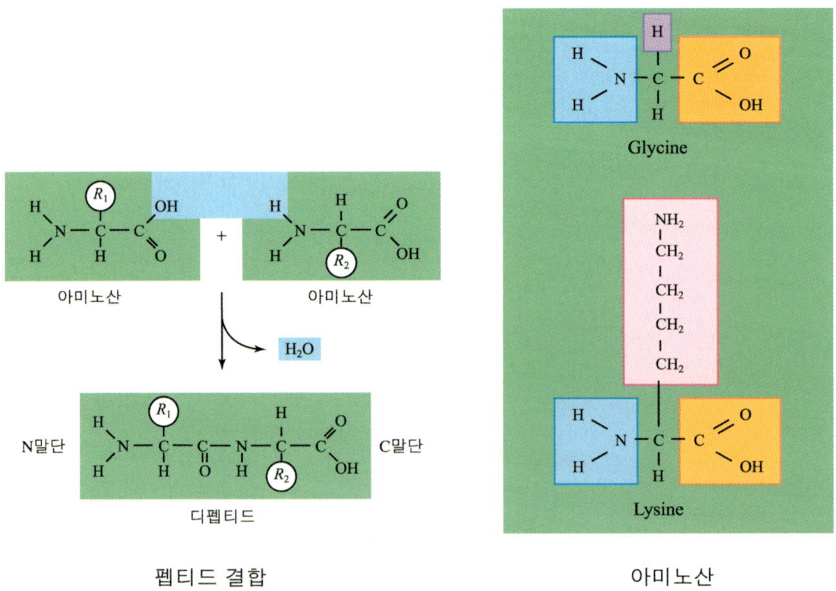

그림 2-3 아미노산간의 반응에 의한 펩티드 결합의 생성

1) 아미노산

아미노산(amino acid)은 단백질을 구성하는 기본 물질로 20여 종류가 있다. 이 중 반드시 음식물을 통해서 섭취해야 하는 아미노산을 필수 아미노산이라고 한다. 성인의 경우 루신(leucine ; Leu), 이소루신(isoleucine ; Ile), 라이신(lysine ; Lys), 메티오닌(methionine ; Met), 페닐알라닌(phenylalanine ; Phe), 트레오닌(threonine ; Thr), 트립토판(tryptophan ; Trp), 발린(valine ; Val)으로 8종이고 유아는 여기에 히스티딘(histidine ; His)이 추가되어 9종에 이른다. 세포 내에서 단백질 합성이 원활하게 이루어지기 위해서는 모든 필수 아미노산이 일정한 비율로 골고루 존재해야 한다. 만약 필수 아미노산 중 한 종류라도 없거나 부족하면 단백질 합성은 가장 부족한 필수 아미노산의 함량에 비례해서 일어나기 때문에, 결과적으로 단백질 합성이 부족하게 된다.

이외의 아미노산은 비필수 아미노산으로 아르기닌(arginine ; Arg), 티로신(tyrosine ; Tyr), 글리신(glycine ; Gly), 세린(serine ; Ser), 글루탐산(glutamicacid ; Glu), 아스파라긴산(aspartic acid ; Asp), 시스테인(cysteine ; Cys), 시스틴(cystine ; Cys-Cys), 프롤린(proline ; Pro), 알라닌(alanine ; Ala) 등이 있다.

이들 아미노산은 곁사슬 부분(side chain)의 구조(構造)나 성질(性質)의 차이에 따라 방향족(芳香族) 아미노산, 지방족 아미노산, 친수성 아미노산, 소수성 아미노산, 함황 아미노산, 산성 아미노산, 염기성 아미노산, 고리형 아미노산 등으로 구분하기도 한다. 입체적인 모양에 따라 D형과 L형이 있는데 자연계에 존재하는 것은 모두가 L형이며, D형인 것은 발견되어 있지 않다.

아미노산은 주로 육류나 콩 등 고단백질 식품을 통해서 섭취된다. 이들 식품의 단백질은 위장에서 소화효소에 의해 아미노산으로 분해되어 혈액을 통해 체내로 흡수된다. 아미노산은 종류별로 체내에서 다양한 효과를 내지만, 크게 세 가지로 요약된다.

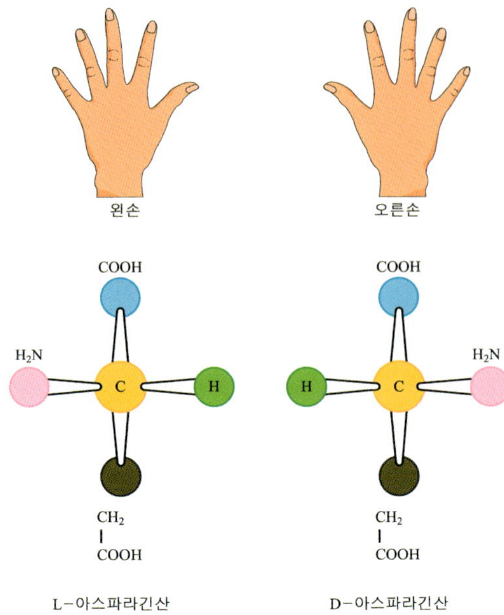

그림 2-4 아미노산의 L형과 D형의 예

표 2-4 아미노산의 약호표

아미노산	3문자 약호	1문자 약호	성질
글리신	Gly	G	지방족, 친수성
알라닌	Ala	A	지방족, 소수성
발린	Val	V	지방족, 소수성
루신	Leu	L	지방족, 소수성
이소루신	Ile	I	지방족, 소수성
프롤린	Pro	P	소수성, 고리형
세린	Ser	S	친수성
트레오닌	Thr	T	친수성
시스테인	Cys	C	함황, 친수성
메티오닌	Met	M	함황, 친수성
아스파라긴산	Asp	D	산성, 친수성
아스파라긴	Asn	N	친수성
글루탐산	Glu	E	산성, 친수성
글루타민	Gln	Q	친수성
라이신	Lys	K	염기성, 친수성
아르기닌	Arg	R	염기성, 친수성
히스티딘	His	H	염기성, 친수성
페닐알라닌	Phe	F	방향족, 소수성
티로신	Tyr	Y	방향족, 소수성
트립토판	Trp	W	방향족, 소수성

첫째, 근육의 원료물질로 에너지를 발생시키고 활력을 돕는다. 근육은 발달할수록 피로가 잘 쌓이지 않고 활력이 생긴다. 매사에 힘이 없이 축축 처지는 사람에게 가장 필요한 영양소가 바로 아미노산이다. 근육은 잉여 칼로리 등 노폐물을 태워 없애는 난로 역할을 한다. 운동선수가 밥을 많이 먹어도 군살이 없는 이유는 근육에서 잉여 칼로리를 소모시키기 때문이다.

둘째, 신진대사의 촉매역할(觸媒役割)을 한다. 아미노산은 마치 자동차의 윤활유처럼 인체가 수행하는 수만 가지 신진대사를 활성화시킨다. 아미노산을 골고루 섭취해야 톱니바퀴에 기름칠하듯 삐걱거리지 않고 원활하게 돌아간다는 뜻이다.

셋째, 아미노산은 인체조직의 재생(再生)과 회복(回復)을 돕는다. 인체를 구성하는 대부분의 세포(細胞)와 조직(組織)은 단백질을 기본 골격(骨格)으로 구성된다. 단백질의 원료인 아미노산이 충분하지 못하면 상처(傷處)와 염증(炎症)이 쉽게 낫지 않는다. 예컨대 궤양(潰瘍) 환자(患者)의 위장(胃腸)에서 새살이 돋는 데도 아미노산이 필수적인 역할을 맡는다.

단백질을 먹게 된다면 결국 아미노산을 섭취하는 것과 같은 효과가 있다. 그런데도 아미노산을 섭취하는 것은 성인병 유발(誘發)이라는 고기가 갖는 결정적 단점 때문이다. 고기를 먹으면 자연히 체내에서 단백질이 소화되면서 아미노산이 생성된다. 문제는 고기가 100% 단백질로 이루어지지 않았다는 데 있다. 동맥경화 등 성인병을 일으키는 포화지방산(飽和脂肪酸) 등 몸에 해로운 기름 성분이 포함돼 있기 때문이다. 또 불에 굽는 등 쇠고기나 돼지고기를 조리하는 과정에서 발암물질(發癌物質)이 생길 수 있으며 고기 안에 많이 함유된 철분을 과잉 섭취할 경우 노화를 유발하고 혈액을 걸쭉하게 하는 등의 부작용이 나타난다. 콩과 같은 식물성 단백질은 고기의 부작용을 극복할 수 있지만 고기에 비해 필수 아미노산 성분이 결핍된 경우가 많아 아미노산을 골고루 섭취하지 못하는 단점이 있다.

아미노산을 가장 값싸게 섭취할 수 있는 방법은 비계가 없는 순살코기를 소량씩 나눠먹는 것이다. 아미노산의 경우 과량 섭취하면 대부분 소변으로 배설되기 때문이다. 성인의 경우 하루 체중 1kg당 1g의 단백질이 필요하다. 이 중 3분 1정도는 육류와 생선, 가금류(家禽類, 집에서 기르는 닭, 오리, 거의 따위), 우유와 같은 완전 단백질 식품(필수 아미노산이 모두 포함된 식품)으로 섭취하는 것이 좋다. 예컨대 체중 60kg의 성인은 하루 60g의 단백질이 필요하다. 이 가운데 20g은 밥과 채소 등 흔히 먹는 기본 식단에 포함된다. 나머지 40kg은 매일 보충해야 한다. 이 중 절반에 해당하는 20g은 완전 단백질 식품으로 구성한다. 탁구공 크기의 닭고기 한 조각, 로스 한 장 정도의 쇠고기와 돼지고기, 생선 작은 토막 한 개, 작은 달걀 한 개 정도가 각각 8g정도의 단백질을 함유하고 있다. 나머지 20g은 우유나 두부로 충당하면 좋다. 두부 6분의 1모와 우유 한 컵에도 각각 8g정도의 단백질이 함유돼 있다. 된장이나 청국장 등 콩을 발효시킨 제품도 아미노산이 풍부하므로 권장할 만하다.

특수한 화학구조를 갖는 아미노산으로는 히드록시라이신(hydroxylysine), 호모시스테인(homocysteine), 오르니친(ornithine), 크레아틴(creatine), 베타-알라닌(β-alanine), 감마-아미노부티르산(γ-aminobutyric acid, GABA), 타우린(taurine), 카르니틴(carnitine) 등이 있다. 이 중 카르니틴은 체내에 라이신, 비타민 B_1, 비타민 B_6가 충분히 있으면 합성되는 아미노산의 일종으로 지방의 축적을 방지하면서 인체에 필수적으로 필요한 지방산의 공급을 원활히 해준다.

표 2-5 주요 아미노산의 종류와 작용

종류	작용
발린, 루신, 이소루신	인체의 활동에 중요한 역할을 하는 분지쇄 아미노산(branched chain amino acid)으로 발린, 루신, 이소루신을 총칭하여 BCAA 아미노산이라 한다. 피로 회복과 활력증진, 수술 후 신체 회복을 돕는다. 중환자용 영양수액제의 주성분으로 쓰이고 있다.
알리닌	신진대사를 촉매한다. 간의 해독작용을 돕는다.
아르기닌	항체 생성 및 면역기능을 강화시킨다. 혈액순환을 촉진하여 남성의 발기부전 치료를 돕는다. 남자의 정자 생성을 도와주며 정력을 강화해준다.
아스파라긴	간에서 알코올분해효소의 생성을 도와 숙취해소(宿醉解消)에 탁월한 효과가 있다.
시스테인, 시스틴	콜라겐 생성을 촉진해 피부노화를 지연시킨다.
글루탐산	조미료의 원료가 되며 글루탐산나트륨은 구수한 쇠고기 맛을 낸다. 다량 섭취할 경우 신경장애가 올 수 있다.
글리신	가장 분자량이 적은 아미노산이며, L형과 D형의 구분이 없는 유일한 아미노산이다. 콜라겐에 주로 함유되어 있다.
히스티딘	성장기 아동에 있어 필수 아미노산이며, 소염과 항산화작용이 있다.
라이신	성장 호르몬을 만드는 구성 성분으로 성장과 발육을 촉진시켜주며, 노약자의 건강회복 촉진 및 산모의 모유 생성을 돕는다.
메티오닌	탈모예방, 간장과 신장의 세포재생에 효과적이다. 간장에서 독성이 있는 노폐물을 배설하고 지방 대사를 촉진하여 간장을 보호한다.
페닐알라닌	인간의 성장발육과 건강유지에 없어서는 안 되는 필수 아미노산이기 때문에 꼭 필요하지만, 과잉 섭취하여 뇌에 축적되는 경우 지능장애가 나타날 수 있다.
프롤린	연골과 인대 등 관절을 튼튼하게 한다. 콜라겐에 주로 함유되어 있고, 다른 단백질에는 거의 함유되어 있지 않다.
세린	항체 생성을 도와 면역력을 높이고 피부의 천연 보습인자로 작용한다. 실크 단백질에 많이 함유되어 있다.

2) 효소

효소(酵素)는 영어로 '엔자임(enzyme)'이라 하여, 이는 그리스어로 엔(en, ~속에 있는) + 자임(zyme, 효모)의 합성어로 '효모(酵母)속에 있는 것'이라는 뜻이다. 효소는 효모 외에도 다양하게 존재하는데, 인체 내 수백만 종의 효소는 제각기 특이한 방식으로 작용한다. 예를 들어 단백질 분해효소인 프로테아제(protease)는 단지 단백질만을 분해할 수 있고, 지방 분해효소인 리파아제(lipase)는 지방만을 분해할 수 있다. 효소의 이름은 몇 가지를 제외하고는 어미에 아제(-ase)를 붙여서 이름을 정하고 있다. 즉 효소의 작용을 받는 물질의 이름 뒤에 '아제'를 붙여서 효소이름으로 부른다. 피부의 멜라닌 색소 형성에 관여하는 효소인 티로시나제(tyrosinase)는 아미노산 중 티로신에만 작용한다. 이와 같은 것을 효소의 특이성이라 부른다. 키위, 파인애플, 배 등에는 단백질 분해효소인 프로테아제의 함량이 많다. 따라서 쇠고기나 돼지고기에 키위 즙이나 파인애플 즙을 뿌려두면 고기가 매우 연하고 부드러워져 있는 것을 볼 수 있다. 또한 고기 집에서 과식을 했을 때 파인애플이나 배를 후식으로 먹게 되면 소화가 잘 된다. 이러한 것들은 모두 단백질 분해효소의 덕분이라 볼 수 있다. 또한 지방을 많이 섭취하는 경우에는 채소를 곁들여 먹는 것이 소화에 도움이 되는데, 이는 야채 속에 지방 분해효소인 리파아제가 함유되어 있기 때문이다. 그러나 이들 효소는 단독으로 작용하기보다는 체내에 존재하는 무기질, 비타민에 의해 효율적으로 작용할 수 있다. 따라서 효소를 단백질이나 지방을 잘라내는 가위에 비유한다면, 무기질은 가위의 핀에 해당되며 또한 비타민은 가위의 손잡이라 볼 수 있다. 즉, 효소, 비타민, 무기질이 서로 협동하여 효율을 높여 준다. 시중에서 판매하는 발효 효소액의 경우 설탕물이나 다름없고 효소는 거의 존재하지 않는다.

그림 2-5 효소, 무기질, 비타민의 관계

한편 상처 부위에는 라이소자임(lysozyme)이 존재하여 항염증 작용을 나타내는 것을 볼 수 있다. 라이소자임이란 이름은 라이시스(lysis, 죽이다) + 엔자임(enzyme, 효소)의 합성어로 항균효소라는 의미를 가지고 있다. 라이소자임은 129개의 아미노산이 결합된 항염증 효소이다. 세균의 세포막을 분해하여 항염증 작용을 나타내는 효소로 의약품에 이용되고 있다. 세안제, 입욕제, 여드름 피부를 위한 화장품에도 이용된다. 특히 클렌징크림에는 파파인(papain)이라는 식물성 단백질 분해효소가 자주 사용되는데, 이것은 각질 제거를 도와주고 피부를 부드럽게 하는 데 도움이 된다.

3) 콜라겐

콜라겐(collagen)은 뼈와 피부의 결합조직을 구성하는 주요 단백질이다. 보통 단백질과 달리 세 가닥으로 꼬여진 구조를 하고 있다. 인체 내의 대부분의 단백질이 혈액 속의 단백질로 물에 녹은 상태로 존재하는 데 비해 콜라겐은 섬유상으로 존재한다. 섬유상 콜라겐은 몸의 지탱, 결합,

경계면을 이루는 데 중요한 역할을 한다. 약 1,000개의 아미노산으로 이루어진 독특한 사슬 모양의 단백질이 세 가닥으로 꼬여 이루어진 것으로 아미노산의 조합에 따라 Ⅰ~Ⅴ형의 다섯 종류 콜라겐이 존재한다. Ⅰ, Ⅱ, Ⅲ형은 결합조직에서 볼 수 있는 콜라겐의 주요 형태이며 Ⅰ은 체내 콜라겐의 90%를 차지하며 진피의 망상층(網狀層)을 구성한다.

콜라겐은 오래 전부터 식용으로 이용되어 왔으며, 콜라겐 및 그 변성물인 젤라틴(gelatin)을 섭취한 경우에는 다른 단백질과 마찬가지로 소화관 내에서 소화효소에 의해 분해되어 대부분 아미노산의 형태로 흡수된다. 콜라겐은 면역기능(免疫機能)을 향상시키고, 세포의 재생작용을 촉진시켜 관절(貫節)을 튼튼하게 해주며, 피부의 신진대사 활성화 및 보습력을 유지시켜 준다. 대개 인체 내에서 젊어서는 많이 합성되나 20대 이후에는 생성량이 줄어들기 때문에 나이가 들면서 피부의 탄력은 물론 잇몸의 붕괴, 근육통, 혈관 벽의 손상 등이 일어나기 쉬워진다.

콜라겐은 인체 각 부위에 다량 함유되어 세포와 세포를 연결하는 고리 같은 역할을 하는 단백질이며, 피부의 윤기와 탄력을 유지한다. 아기들의 온몸이 매끌매끌한 것은 체내에 콜라겐이 가장 많은 시기이기 때문이다. 그러나 나이가 들면 콜라겐의 생산이 감소해 탄력과 윤기가 없어지고 주름, 검버섯, 기미 등이 생기게 된다. 40대의 경우 콜라겐은 20대에 비해 절반 이하로 뼈와 관절이 약해질 뿐 아니라 혈관과 머리카락까지 영향을 준다. 결국 얼굴은 주름지고 머리카락은 가늘어지며 무릎과 허리가 아파 오면서 노화가 진행되는 것이다. 콜라겐의 합성에는 비타민C가 꼭 필요하기 때문에 비타민C가 많은 고추, 귤, 레몬, 사과 등을 섭취하는 것이 좋다.

3 탄수화물

탄수화물(炭水化物)은 영어로 "카보하이드레이트(carbohydrate)"라 부르는데, 이는 탄소(carbo)와 물의 결합(hydrate)에 의해 이루어진 물질이란 의미이다. '당질(糖質)'이라고도 하며 분자량이 적은 것은 단맛을 내므로 당(糖) 또는 당분(糖分)이라 부르기도 한다. 즉, 당질이란 탄수화물과 그 유도체를 통틀어 지칭하는 말이다. 대부분이 곡류, 과일, 채소, 콩과 같은 식물성 식품에 들어 있고, 우유와 유제품은 당질을 함유한 유일한 동물성 식품이다. 당질에는 단당류, 이당류, 다당류가 있다. 특히 단당류가 3~8개로 이루어지는 당을 총칭할 때 "올리고당(oligosaccharide)"이라 부른다. 단당류·다당류와 함께 그 분자사슬의 길이에 따라 분류하는 경우에 쓰이는 명칭이다. 자연계에 존재하는 것은 이당류가 특히 많은데, 예를 들면 사탕수수에 함유되어 있는 수크로오스(蔗糖, 자당), 녹말의 분해물이며 엿의 원료인 말토오스(麥芽糖, 맥아당), 포유류의 젖 속에 있는 락토오스(乳糖, 젖당) 등이 있다.

단당류인 포도당은 뇌의 활동을 활발하게 해주는 유일한 에너지원으로 쌀, 빵, 과일, 벌꿀 등의 단당류는 흡수가 잘 되며 몸에 부담을 주지 않지만, 흡수가 좋은 만큼 남은 것은 지방으로 쉽게 변할 수 있다.

탄수화물은 첫째, 체내에 적당히 필요하지만 다이어트를 하면서 극단적으로 당질 섭취를 줄이면 신진대사에 여러 가지 장애를 일으킨다. 당질 섭취가 줄어들게 되면 우선 기초체력이 저하되고 피곤해지기 쉽다. 당질의 부족상태가 계속되면 몸은 비상사태가 되고 단백질이 빠져나와 에너지원으로 쓰여지기 때문에 뼈와 근육을 구성하는 단백질이 제 역할을 하지 못하게 된다. 둘째, 간에 축적되어 있던 글리코겐(glycogen)이 포도당으로 바뀌기 때문에 간의 해독작용이 약해져 피부가 거칠어지는 원인이 된다. 셋째, 두뇌활동이 원활하게 되지 않아 의식장애를 일으킬 위험성이 있다.

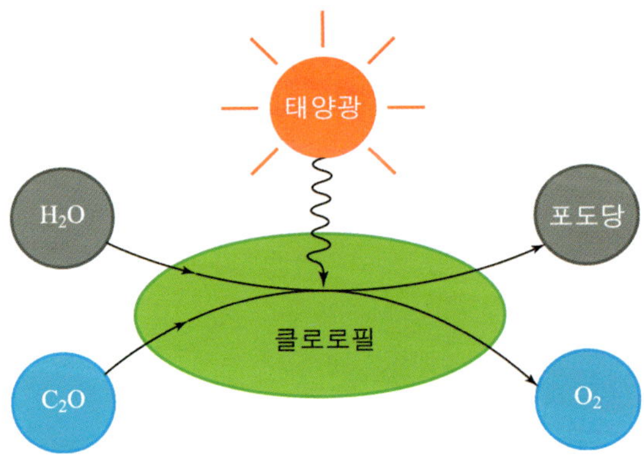

그림 2-6 태양광에 의한 탄수화물의 합성과정

탄수화물을 섭취했다고 해서 반드시 에너지 효율이 높아지지는 않는다. 비타민 B_1을 충분히 섭취해야 탄수화물의 분해가 촉진되어 에너지의 생성이 높아진다. 배아, 쌀겨, 돼지고기 등에 많이 들어 있는 비타민 B_1은 탄수화물을 연소시키는 작용을 하기 때문에 이들을 함께 섭취하는 것이 바람직하다.

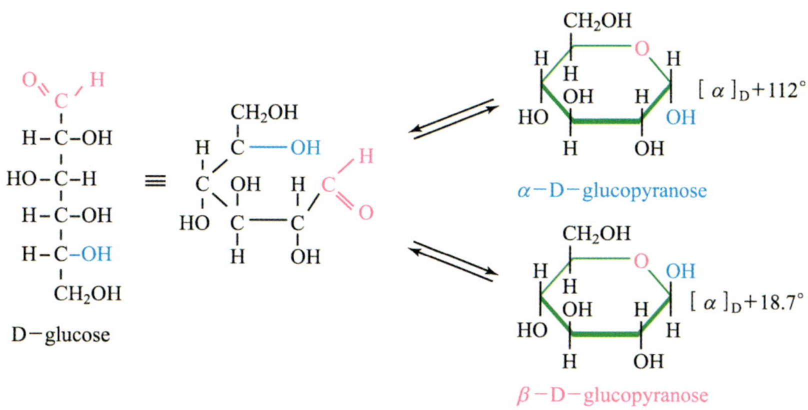

그림 2-7 탄수화물의 구조 예

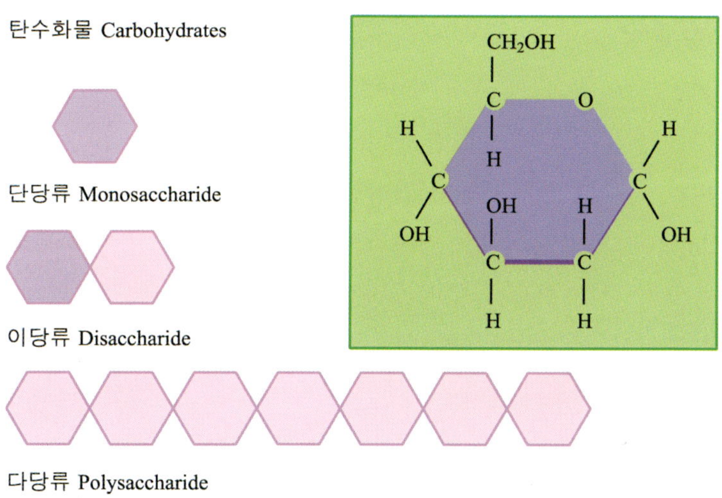

그림 2-8 포도당의 구조변화

1) 단당류

단당류는 탄수화물의 기본 단위로서 탄소의 수에 따라 3탄당, 5탄당, 6탄당으로 분류된다. 식품에 흔하게 들어 있는 것은 6탄당이다. 대표적인 단당류는 포도당(glucose), 과당(fructose), 갈락토오스(galactose)이다.

- 포도당 : 체내에서 녹말이 소화되어 만들어지며 혈당의 구성성분이다.
- 과당 : 꿀과 과일에 들어 있고 단맛이 가장 강하다.
- 갈락토오스 : 우유, 모유 등에 들어 있고 단맛은 약하다.

2) 이당류

단당류가 2개 결합된 형태이며, 자당(sucrose), 맥아당(maltose), 젖당(lactose)이 있다.

이들 3가지는 포도당이 모두 결합되어 있고, 다른 나머지 1개의 단당류가 무엇인가에 따라 구분된다.

- 포도당 + 과당 → 자당
- 포도당 + 포도당 → 맥아당
- 포도당 + 갈락토오스 → 젖당

3) 다당류

단당류가 수없이 많이 결합된 고분자 형태로 종류로는 소화성 다당류(녹말, 글리코겐)와 소화하기 어려운 난소화성 다당류(식이섬유)가 있다.

- 녹말(starch) : 식물에 들어 있는 저장물질로 식물이 성장하면서 포도당이 중합하여 만들어진 물질이다.
- 글리코겐(glycogen) : 동물의 간과 근육에 들어 있는 저장형 다당류로 포도당이 중합하여 만들어진 물질이다.

- **식이섬유** : 식물에 주로 함유되어 있으며, 셀룰로오스(cellulose), 리그닌(lignin), 펙틴(pectin), 구아검(guar gum) 등이 있다. 식이섬유는 체내 효소에 의해 분해되지 않는 난소화성 물질이다.

4) 올리고당

단당류가 3~8개 결합된 것으로 단당류나 이당류보다 단맛은 덜하지만 칼슘과 마그네슘의 흡수를 돕고, 유산균을 활성화시켜 장의 활동을 좋게 하는 등 여러 가지 효능 효과를 가지고 있어 기능성 식품에 사용되고 있다.

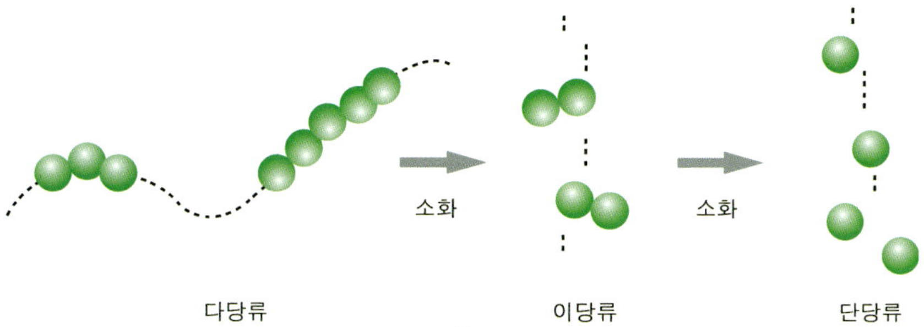

그림 2-9 단당류, 이당류, 다당류의 비교

> **케톤증**
>
> 체내 지방의 산화 시 탄수화물은 필수 요소이며 탄수화물을 아주 적게 섭취하여 지방의 완전 산화가 되지 못할 때 케톤체가 만들어진다. 케톤은 혈액과 조직에 쌓여 고농도로 존재하게 되며 케톤증이라는 질병을 야기하게 된다.
> 고단백, 고지방, 저당질의 식이(황제 다이어트)를 하거나 조절되지 않는 당뇨병의 발생 시 케톤증이 발생하며 소아와 임산부의 경우 특히 주의하여야 한다. 케톤체가 많이 생성 시 호흡할 때 아세톤 냄새가 나며 식욕이 떨어지고 두통과 피로감을 느낀다. 소변량의 증가로 탈수 되기 쉽고 치료하지 않으면 뇌손상을 가져온다.

4 지 방

지방은 3대 영양소 중에서 가장 큰 에너지원이다. 동물이나 식물에 축적되어 있는 중성 지방을 일반적으로 '지방'이라 부른다. 지방은 3개의 지방산이 1개의 글리세롤에 결합된 형태이다.

지방은 위 속에서 머무르는 시간이 길어 적은 양으로도 큰 에너지를 얻을 수 있다. 자칫 다이어트의 큰 적이란 이미지를 갖기 쉽지만, 인간의 몸에 없어서는 안 될 영양소이다. 또한, 지용성 비타민(A, D, E, K 등)이 함께 함유되어 있어 지방이 흡수될 때 동시에 이들 비타민도 흡수되고 저장에도 관여한다. 그러므로 지방은 호르몬이나 세포막의 재료가 되며 신경의 작용 등에 깊이 영향을 준다. 음식에 함유된 지방에는 동물성 지방(고기, 생선에 함유), 식물성 지방(깨, 옥수수, 땅콩 등에 함유)이 있다. 음식을 통해 얻은 지방은 에너지원으로 사용되고, 에너지원으로 사용되지 않은 것은 체지방으로 축적된다. 체지방은 음식에서 얻은 에너지가 부족할 때 에너지를 공급하고 추울 때는 체내 열의 방출을 막는 역할도 담당한다.

지방은 수많은 지방산이란 물질들로 이루어져 있는데, 이들 지방산은 크게 포화지방산과 불포화지방산으로 구분할 수 있다.

포화지방산은 육류나 치즈, 초콜릿, 우유 등에 많고, 불포화지방산은 식물성 기름이나 생선의 기름에 많이 함유되어 있다. 포화지방산은 체내에서 콜레스테롤(cholesterol)을 만드는 재료가 된다. 콜레스테롤은 세포막을 형성하거나 담즙산(膽汁酸, bile acid), 비타민 D, 호르몬 등을 만드는 중요한 작용을 하고 있지만 과잉 섭취하면 혈액 속의 콜레스테롤이 너무 많아져 동맥경화증을 진행시키거나 심근경색등을 일으키는 원인이 된다.

한편, 불포화지방산은 혈액 속의 콜레스테롤을 감소시킨다. 특히 등 푸른 생선의 지방에는 혈전(血栓 ; 혈관 안에서 피가 엉기어 굳는 것을 말함)을 예방하는 다가 불포화지방산이 많이 함유되어 있다. 다가 불포화지방산은 화학적으로 볼 때 불포화 결합을 두 개 이상 가진 지방산을 말하는 것으로 체내에서 합성되지 않으므로 외부로부터 섭취해 주어야 한다. 그 때문에 "필수 지방산(必須 脂肪酸, essential fatty acid)", 또는 비타민 F라 불리고 있다. 필수 지방산이 부족할 경우 머리카락이 드문드문하게 자라 보기 흉하게 되며, 피부에 습진(濕疹)이 생길 수도 있다.

표 2-6 지방의 종류

지방의 종류	
지방산	지방산의 길이 및 이중결합수에 위치에 따라 여러 가지 종류가 있다. • 길이에 따른 분류 : 짧은 사슬 지방산, 중간, 긴 사슬 지방산. • 이중결합의 위치에 따른 분류 : 오메가-9 지방산, 오메가-6 지방산, 오메가-3 지방산 • 이중결합 수에 따른 분류 : 포화지방산, 단일불포화 지방산, 다가불포화 지방산.
중성지방	생체와 식품을 구성하는 95%의 지방산(글리세롤과 에스테르 결합)
인지질	글리세롤 + 지방산 + 인산의 결합(염기와 연결)
콜레스테롤	식물조직에 존재하지 않으며 뇌와 신경조직에 고농도 존재한다. 간과 소장에서 주로 합성된다.

표 2-7 이중결합의 수에 따른 지방산의 예

이중결합의 수	지방산의 예
1	올레인산(oleic acid)
2	리놀산(linoleic acid)
3	감마-리놀렌산(γ-linolenic acid)
4	아라키돈산(arachidonic acid)

표 2-8 포화지방과 불포화지방

구분	구성
포화지방 (상온에서 고체)	포화지방산 + 글리세롤
불포화지방 (상온에서 액체)	불포화지방산 + 글리세롤

표 2-9 지방 함유가 높은 식품의 예

식품	함유량(평균)
다진 쇠고기(100g)	23g
다진 돼지고기(100g)	20g
아보카도(1/2개, 90g)	17g
고등어(100g)	17g

필수 지방산에는 리놀산(linoleic acid), 리놀렌산(linolenic acid), 아라키돈산(arachidonic acid) 등이 있는데 리놀산이 있으면 체내에서 다른 두 가지를 합성할 수 있다. 그러나 리놀산도 과잉 섭취하면 반대로 혈전을 촉진하는 요인이 되며, 식물성 기름이라 해도 야자유(椰子油)는 콜레스테롤 수치를 높이는 작용을 한다. 동물성 지방에는 혈관을 강화시키는 지방산이 있으므로 일률적으로 식물성 지방은 건강에 좋고, 동물성 지방은 좋지 않다고 할 수는 없다. 동물성과 식물성을 1 : 1의 비율로 섭취하는 것이 이상적이다. 불포화지방산은 공기와 접하면 과산화지질이라는 유해물질로 변하기 쉬운 성질이 있다. 같은 기름에다 몇 번이나 튀김을 하거나 오래된 기름을 요리에 사용하는 것은 과산화지질을 대량으로

섭취하는 결과를 초래하게 된다. 장기간 지방의 함유가 높은 식품을 섭취하고 에너지를 소모하지 않으면 비만은 물론 고혈압, 당뇨병, 고콜레스테롤증 등 성인병을 유발하고 불포화지방산을 과잉으로 섭취 시 과산화지질이 생성되어 암이나 노화를 일으키는 원인이 된다.

식이를 통해 섭취된 지방은 담즙으로 유화되어지며 담낭에서 분비되는 담즙산염의 작용으로 작은 입자로 분해된다. 다시 췌장에서 지방분해효소로 더 잘게 분해되어 지방산의 형태가 되면 세포로 흡수된다. 지방의 혈액 운반 시 혈액과 잘 섞일 수 있도록 지질단백질의 형태로 존재하며 밀도에 따라 나뉜다.

표 2-10 지질단백질의 종류 및 특징

지단백의 종류	특징	생성장소
카일로미크론	식이에서 얻은 중성지질을 체내로 운반한다.	소장
최저밀도 지질단백질(VLDL)	간에서 합성된 중성지질을 조직으로 운반한다.	간
저밀도 지질단백질(LDL) *콜레스테롤 축적	조직으로 콜레스테롤을 운반하는 역할로 LDL의 증가는 동맥경화와 고콜레스테롤혈증 및 심혈관계질환을 야기한다.	혈액에서 VLDL로 전환된다
고밀도 지질단백질(HDL) *콜레스테롤 소비	혈액 내의 콜레스테롤을 체외로 배설하는 역할을 하며 조직의 콜레스테롤을 간으로 운반하여 심혈관계질환을 예방한다.	간

지방은 비타민 A, D, E, K 등을 저장하고, 추울 때 몸에서 열의 발산을 막아주며 외부의 충격에 견딜 수 있도록 한다. 또한, 몸의 체형을 유지하게 하고 몸에 필요한 에너지를 공급한다. 이와같이 지방은 체내에서 중요한 역할을 하지만 지방이 지나치게 축적이 되었을 때에는 건강에 나쁜 영향을 준다. 지방이 축적된 정도는 칼리퍼(caliper)라는 기계를 이용하면 측정할 수 있다. 지방이 너무 많거나 적으면 여러 가지 문제가 일어날 가능성이 있다. 지방이 적으면 체내에 축적된 에너지가 적어 활동하기 어렵다. 또한, 비만을 줄이기 위하여 지나치게 체중을 줄일 경우 부족한 에너지를 근육의 단백질에서 보충하게 되어, 몸이 약해지고 여러 가지 질병에 걸릴 가능성이 크다. 따라서 한꺼번에 지나치게

체중을 감량하는 것을 건강을 위협할 수 있다.

지방이 너무 많으면 활발하게 활동하기 어려울 뿐만 아니라, 쉽게 피로해 진다. 특히, 지방이 지나치게 축적될 경우 심장마비, 고혈압, 당뇨병뿐만 아니라 암 등 여러 가지 질병에 걸릴 가능성이 높아진다.

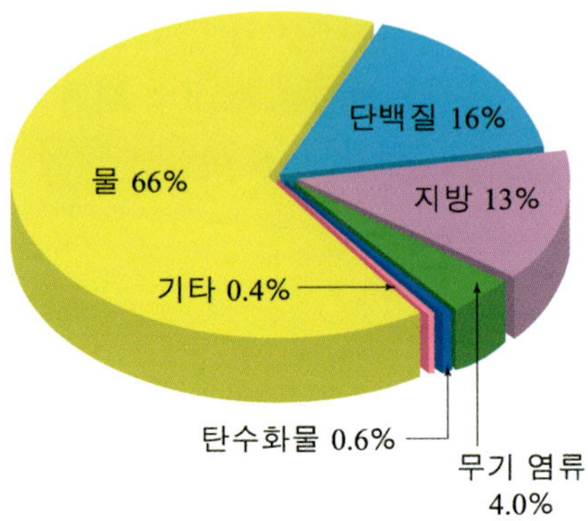

그림 2-10 우리 몸의 구성 성분비

5

비타민

사람이 건강을 유지하기 위해서는 약 1만종의 효소, 호르몬, 무기질, 비타민, 탄수화물, 지질, 아미노산 및 기타의 영양소가 필요하다. 이 중 매일 음식으로 섭취해야 할 것은 약 40여 종이다. 만일 이와 같은 것이 오랜 기간 동안 원활하게 공급되지 못하면 성인병, 암 및 노화 등이 일어날 수 있다. 현대를 살고 있는 우리들은 스트레스를 받으며 살고 있다. 이와 같은 스트레스, 불안, 걱정 등은 인체의 단백질과 비타민을 다량으로 소모하게 한다. 현재 우리가 살고 있는 주변 환경은 마시는 물과 공기에 이르기까지 모두가 오염이 안 된 것이 없다. 수돗물의 소독제인 염소(鹽素)는 발암성이 있을 뿐 아니라 비타민 E를 파괴한다. 자동차 배기가스는 거기에 함유된 납 성분이 어린이의 경우 뇌를 비정상적으로 흥분시켜 비타민 B군을 파괴한다. 더욱이 타이어의 마찰로 도로에 뿌려지는 카드뮴은 사람의 혈압을 올리게 한다. 오늘날의 음식을 한마디로 말한다면 칼로리만 많고 비타민, 무기질 등의 영양소가 적은 것이 대부분이라 할 수 있다. 그 결과 비만이 증가하고, 당뇨병도 증가하고 있는 것이다. 또한 인간의 뇌의

무게는 신체 전체의 약 1/5밖에 되지 않지만, 영양분의 25% 이상을 소모한다. 따라서 영양소가 부족하게 되면 우선 뇌에 이상이 생겨 불안, 걱정, 긴장, 불면 등의 정신적인 여러 가지 증상이 나타나게 된다.

비타민의 어원을 보면 우리 몸이 균형 된 음식을 섭취하지 못할 때 발생하는 질병들, 예를 들면 각기병, 괴혈병, 야맹증, 구루병이 생기는데 이런 질병들을 자연식품 속에 들어 있는 생명과 관련된 매우 중요한 성분인 아민(amine)의 결핍에서 발생된다하여 라틴어로 생명을 의미하는 비타(vita)와 아민(amine)을 합성해서 'Vital amine' 줄여서 'Vitamine' 이라 명명했다. 그러나 비타민의 일부는 아민 성분이 없는 것이 발견되어 오늘날은 어미의 "-e"를 삭제해 'Vitamin'이라 부르고 있다. 비타민은 아주 적은 양이지만 몸의 신진대사를 유지하는 데 꼭 필요한 유기물질이라 볼 수 있다.

비타민의 효능은 크게 세 가지이다. 첫째, 활력증진(活力增進) 효과이다. 효소의 역할을 보조하는 조효소로서 탄수화물, 단백질, 지방의 대사에 관여하므로 자동차의 윤활유에 비유된다. 둘째, 성인병 예방효과이다. 비타민은 암, 심장병, 뇌졸중, 고혈압, 치매, 백내장, 당뇨 등 현대인의 건강을 위협하는 대부분의 성인병에 직접적 혹은 간접적으로 도움을 준다. 셋째, 노화억제효과이다. 비타민 특유의 항산화작용은 나이가 들면서 필연적으로 체내에서 생성되는 유해산소를 차단하여 노화를 억제한다.

비타민은 영양상 반드시 필요한 것으로 체내에서 합성이 불가능하여 체외에서 섭취해야만 하며 신체의 대사 및 기능을 도와주는 필수 물질로서, 미량으로 영양, 발육 및 생리기능에 필요하고 결핍 시 특유의 결핍증상(缺乏症狀, deficiency symptom)을 일으키는 건강의 핵심을 이루고 있다. 비타민을 추가로 복용해야 하는 경우는 스트레스가 많은 사람이나 운동을 많이 하는 사람, 다이어트를 하는 사람, 과음 또는 흡연자 등인데 상황에 따라 복용하는 비타민도 달라져야 한다.

비타민을 선택할 때 용해성(溶解性)은 임상적으로 대단히 중요한 의의(意義)를 가지고 있다. 즉, 지용성(脂溶性, fat soluble) 비타민은 체내에 축적될 수 있기 때문에 수용성(水溶性, water soluble) 비타민에 비해 안전하지 못하다. 지용성 비타민은 장시간 인체 내에 머무르게 되는데, 이들 비타민은 보통 지방조직에 저장되나, 때에 따라서는 간(肝, liver)에 저장되기도 한다.

비타민 A의 경우 7,500IU(여기서 IU란 'International Unit'의 약자로 비타민의 활성을 나타내는 국제단위이다) 초과 시에는 사용상 주의를 요한다. 왜냐하면 임신 시 기형아 발생 등과 같은 부작용을 방지하기 위해서이다. 따라서 임산부의 경우는 각별한 주의가 필요하다. 그러나 수용성 비타민은 1일 필요량의 수백 배를 초과하여도 별다른 독성이 없다. 예외적으로 비타민 B_6의 경우 과량 섭취 시 팔, 다리에 감각상실(感覺喪失)을 일으킬 수 있다.

표 2-11 비타민의 구분

구분	예
지용성 비타민	A, D, E, K 등
수용성 비타민	B_1, B_2, B_3, B_5, B_6, C, H, P 등

술과 담배와 피곤에 찌든 사람들은 비타민 C의 고갈이 비흡연자에 비해 높다. 과음은 비타민 C, B_1, B_6, 엽산(葉酸)의 흡수를 낮추므로 추가적인 섭취가 필요하다. 이유 없이 푸석푸석한 피부에는 규칙적인 식생활을 해야 하며 비타민 C를 복용하거나 유산균 식품을 먹는 것이 좋다. 현재 다이어트중이라면 피부의 탄력과 생기를 잃을 수 있으므로 고른 영양 섭취가 중요하다. 다이어트에 중요한 사항은 운동보다 식이요법(食餌療法)이 우선이다. 아침, 점심, 저녁을 규칙적으로 섭취하고 운동을 병행하면 빠른 효과를 볼 수 있다.

비타민은 신진대사 및 성장에 필수 불가결한 미량 영양소(微量營養素, micro nutrient)이다. 탄수화물, 단백질 및 지방 성분이 인체의 3대 영양소이지만 비타민의 섭취가 없으면 윤활유(潤滑油)가 부족한 기계가 잘 돌아가지 않듯이 우리 몸이 녹슬게 되어 여러 가지 질병에 걸리게 된다. 이처럼 비타민은 우리 몸의 신진대사를 관장하는 효소의 보조역할을 하며 우리 몸이 노화(화학적으로 표현하면 '산화'되는 것)되는 과정을 지연시켜 주고 신체의 방어기능인 면역(免疫)체계를 증진시켜 여러 가지 질병을 예방해준다.

표 2-12 지용성과 수용성 비타민의 특성 비교

지용성 비타민	수용성 비타민
• 기름에 녹는다. • 체외로 쉽게 배설되지 않는다. • 필요량을 반드시 매일 공급할 필요가 없다.	• 물에 녹는다. • 소변으로 쉽게 배설된다. • 필요량을 매일 공급해야 한다.

1) 비타민 A

화학명이 레티놀(retinol)인 지용성 물질로 버터(butter)에서 처음 발견되었다. 눈의 망막(retina)의 이름을 딴 레티놀(retinol)은 야간 시력 유지에 필수적인 시홍(視紅, visual purple)을 만든다. 결핍되면 야맹증(夜盲症)에 걸리기 쉽다. 그런데 비타민 A에는 밤눈을 좋게 하는 작용보다도 더 중요한 작용이 있는데 그것은 우리 몸의 점막이 변성(變性), 각화(角化), 손상(損傷)되는 것이다. 또한 피부를 지지해주는 뼈의 성장에 필수적인 역할을 한다. 따라서 비타민 A가 결핍되면 피부가 거칠어지고 각화되는 증상이 나타나는데 특히 털이 난 부위가 심하다. 그러나 지용성인 비타민 A를 과량 섭취하면 식욕부진(食慾不振), 구토(嘔吐), 통증(痛症), 하나의 물체가 둘로 보이거나 겹쳐 보이는 복시(複視)현상, 가려움증, 탈모증과 같은 부작용을 일으킨다. 비타민 A는 결합조직을 구성하는 콜라겐의 생성을 돕는다. 따라서 부족하면 피부 손상 때 출혈을 일으키기 쉽다. 이외에 피부나 머리카락, 뼈, 잇몸 등을 건강한 상태로 유지시키는 데도 큰 역할을 담당하고 있다.

한편, 시금치, 당근 등 주로 식물성 식품에 함유된 베타-카로틴(β-carotene)은 체내에서 비타민 A로 바뀌어 진다. 따라서 프로비타민(provitamin) A라 부르기도 한다. 과일이나 야채의 적색, 오렌지색, 황색등에 포함되어 있는 식물 색소를 총칭해서 카로티노이드(carotenoid)라 하는데, 당근 등에 가장 많이 함유된 것이 베타-카로틴이고, 호박 등에는 알파-카로틴이 함유되어 있다. 또한 녹색 잎과 야채에는 루테인(lutein), 토마토나 수박에는 라이코펜(lycopene)이 함유되어 있다. 카로테노이드는 일반 항산화제와는 달리 산소 농도가 낮은 농도에서도 유효한 항산화 작용을 나타낸다.

베타-카로틴은 체내에서 필요로 하는 분량만큼 간이나 장점막(腸粘膜)에서 흡수되어 비타민 A로 변화된다. 비타민 A가 부족하면, 내장을 보호하고 있는 점막이 약해지고 상처 입기 쉬워진다. 폐암, 식도암, 피부암을 예방하고 점막암(粘膜癌)을 억제해주는 작용을 한다. 이외 베타-카로틴은 건조피부, 습진, 건선에 대하여 유효한 효과가 있다.

표 2-13 비타민 A의 성질과 결핍증

구분	내용
특징	야맹증예방, 점막의 변성, 각화, 손상을 방지한다.
함유식품	간(특히 생선의 간유), 달걀, 호박, 당근, 토마토, 수박
효능	피부세포 조직의 성장과 유지 및 점막의 손상방지에 필수적임. 건조하고 거친 피부와 조기 노화를 막는데 도움이 됨. 특히 여드름의 치료를 빠르게 하여 면역성을 높여준다.
결핍증상	피부가 거칠어지고 각화되는 증상으로서 특히 모낭(毛囊) 주위가 심하다. 로돕신(rhodopsin)의 형성이 감소되어 어두운 곳에서 시력이 약해지는 야맹증에 걸리기 쉽다. 주름살이 너무 일찍 나타나거나, 뾰루지, 여드름(블랙헤드), 건선(마른 버짐), 시력상의 문제, 건조하고 두껍게 벗겨지거나 가려운 피부, 치유력의 약화 등이 일어난다.
부작용	식욕부진(食慾不振), 구토(嘔吐), 통증(痛症), 하나의 물체가 둘로 보이거나 겹쳐 보이는 복시(複視)현상, 가려움증, 탈모증 등을 나타낸다.
응용	각화증(角化症), 안건조증(眼乾燥症), 야맹증(夜盲症) 등을 일으키는 비타민 A 결핍증의 예방과 치료에 사용된다. 1일 5000 IU, 예방목적에는 3000 ~ 5000 IU 를 사용한다.

2) 비타민 B군

비타민 B군(vitamin B群, vitamin B complex)는 그 종류가 많다. 대부분 숫자로 표시되어 있으나 엽산(葉酸)은 그렇지 않다. 비타민 B군은 각각 고유의 독특한 생물학적 역할을 가지고 있으나 너무나 공통점이 많아 하나의 군(群)으로 부르기도 한다. 더구나 비타민 B군은 인체에서 함께 작용하기 때문에 이들 대부분이 식품에 함께 배합되어 있는 것을 발견할 수 있다. 즉, 하나의 식품에 단일의 비타민 B 를 배합하는 것은 좋지 않다. 이는 비타민이 체내에 들어간 후 장(腸, intestine) 에서 경쟁적으로 흡수되기 때문이다. 예를 들어 비타민 B_1이 다량 배합되어 있고 비타민 B_3 가 소량 배합되어 있을 경우 비타민 B_3의 흡수가 상대적으로 저하되어 불균형을 초래하게 된다. 그렇다고 해서 모든 비타민 B를 동일량 배합해서 균형이 유지되는 것은 아니다. 왜냐하면 특이 질환이 있을 경우 치료의 목적으로 사용될 수 있기 때문이다. 예를 들면 월경 전 긴장증후군의 치료 시에는 비타민 B_6를 필요로 하고, 정신질환 및 고콜레스테롤 치료 시에는 비타민 B_3를 필요로 한다. 비타민 B_{12}는 호모시스테인(homocystein)의 농도를 저하시킬 수 있기 때문에 심장질환의 발현 위험을 저하시킬 수 있다. 비타민 B_2 는 백내장 예방, 근육경련 및 면역기능의 향상에 큰 도움을 주고 있다. 비타민 B_2 중 여분은 오줌을 통해서 배설되기 때문에 오줌의 색이 노란색으로 변하지만 무해하다.

(1) 비타민 B_1

화학명은 티아민(thiamine)이며, 수용성 비타민 중 최초로 발견되었다. 인체의 주 에너지 공급원인 탄수화물의 대사에 필수적인 수용성 비타민이다. 피로에 가장 직접적으로 영향을 미치며, 부족하면 다리가 붓고 걸음을 제대로 걷지 못하게 되는 각기병(脚氣病)에 걸리게 된다. 초기에는 입맛이 없고, 늘 피곤하며, 소화가 잘 안되고, 팔다리에 힘이 없으며, 감각이 무디어지는 일반적인 증상을 보이다가 심해지면 신경과 심장장애가 특징적으로 나타난다. 봄철에 나른하고 피로하기 쉬우며 졸음이 오는 춘곤증이 심한 경우 티아민이 부족한 경우가 많다. 비타민 B_1이 많이 들어 있는 식품은 통곡식품(whole grain)이기 때문에 정제된 밀가루, 흰쌀만 과도하게 섭취할 경우 부족해지기 쉽다.

표 2-14 비타민 B군 성질과 결핍증

구분	내용
특징	수용성 영양소로 티아민, 리보플라빈, 나이아신 등으로 구성된 하나의 복합체인데 이것들은 늘 묶인 상태로 함께 존재한다. 즉, 이들 중 어느 하나만을 따로 떼어낼 수가 없어서 만약 한가지만 보충해야 하는 경우라 할지라도 전체 비타민 B군(복합체)을 공급해야 한다.
함유식품	통곡(whole grain)
효능	스트레스, 조기 노화가 되거나 여드름이 생기는 것을 억제한다. 신진대사와 순환을 원활하게 한다. 상처를 치유하는데 필수적이고, 염증에 효과적이다.
결핍증상	각기병, 입술의 염증, 피부기능장애, 빈혈, 안색 창백, 황달

표 2-15 비타민 B_1의 특징

비타민 B_1
• 에너지 대사(energy metabolism) 에 필수적 • 베스트 식품(best food)은 통곡(whole grain) • 정제식품(흰 밀가루, 백설탕 등) 과잉 섭취시 티아민 부족 초래 • 타이민의 1일 섭취 요구량은 25 ~ 300mg

(2) 비타민 B_2

화학명은 리보플라빈(riboflavin)으로 “비타민 G”라고도 한다. 독특한 초록색 형광(螢光)을 내는 황색물질(黃色物質)로 광선이나 자외선에 의해 쉽게 파괴되므로 이 비타민이 함유된 식품은 보관에 주의하여야 한다. “피부 비타민”이라고도 할 정도로 피부병과 관련이 깊다. 결핍되면 입안이 자주 헐고 혓바늘이 생기며, 피부가 거칠어진다. 또 햇빛에 노출시 눈부심이 심해진다. 성장 촉진성 비타민(growth promoting vitamin)이라고도 하며 세포의 성장과 재생을 돕는 중요한 작용을 한다.

그밖에 항산화작용으로 체내에서 과산화지질이 생성되는 것을 막아주기도 한다. 과산화지질은 동맥경화증이나 노화를 촉진시키고 발암성의 원인이 되는데 비타민 B_2는 성인병과 암을 예방해 준다. 육류의 간, 장어, 미꾸라지 등에 많이 함유되어 있다.

표 2-16 비타민 B_2의 특징

비타민 B_2
• 세포의 성장과 재생 작용 • 과산화지질의 생성을 억제 • 부족할 경우 입술에 열감, 구각 갈라짐, 혀 염증, 눈 피로, 피부 거칠어짐 발생 • 타이민의 1일 섭취 요구량은 25 ~ 300mg

(3) 비타민 B_3

화학명은 니코틴산(nicotinic acid)으로 "나이아신(niacin)"이라고도 한다. 그런데 일반인들은 니코틴산을 담배를 피울 때 생기는 유독한 니코틴과 혼동하는 경우가 많았다. 그래서 'nicotinic'의 처음 두 글자의 'acid'의 처음 두 글자를 따고 'vitamin'의 일종이라는 의미에서 어미 '-in'을 붙여서 'niacin'이라는 이름이 만들어지게 되었다. 또 나이아신이 결핍되어 생기는 펠라그라(pellagra)를 막아준다는 의미의 "항펠라그라(pellagra preventive)"의 앞 글자를 각각 따서 "비타민 PP"라 부르기도 한다. 나이아신이 결핍되면 "펠라그라"라는 피부염은 물론이고 소화장애, 우울증, 불면증, 피부 거칠음이 나타난다. 나이아신은 총 콜레스테롤 수치를 저하시키고 혈관확장 작용을 하기 때문에 혈압이 저하되거나 순환장애가 있을 경우 이를 개선시킨다. 1일 섭취 요구량이 19mg 이나, 30mg 을 초과하게 되면 혈관 확장이 지나쳐 홍조(flushing), 열감(burning) 및 가려움증(itching)이 나타난다. 특히 홍조 발생이 특징적으로 이를 나이아신 홍조(niacin flush) 라 한다. 반면 나이아신 유도체인 나이아신 아마이드(niacin amide)는 홍조를 발생시키지 않는다. 비타민 B_3는 미용적으로 볼 때 중요한 피부의 탄력을 유지해주고 입술 염증 등을 치유한다. 간, 육류, 어류, 무, 버섯, 달걀, 우유 등에 많이 함유되어 있다.

표 2-17 비타민 B_3의 특징

비타민 B_3
• 혈중 콜레스테롤 수치를 낮추어 줌 • 혈관 확장제(vasodilator) 로 순환장애를 개선 • 부족해지면 펠라그라(Pellagra) 발생 • 나이아신의 1일 섭취 요구량은 25 ~ 300mg

(4) 비타민 B_5

화학명은 판토텐산(pantothenic acid)으로 어원은 그리스어의 '판토스(pantos)'로서 '모든 곳에 있다'라는 뜻이다. 이는 광범위하게 동식물에 분포되어 있기 때문에 붙여진 것이다. 인체의 주 에너지원인 포도당과 지방산을 만드는데 관여하는 수용성 비타민이다. 판토텐산은 부신(adrenal gland)에서 스테로이드 호르몬을 만드는데 필수적인 물질이다. 스트레스가 많을 경우 부신의 기능이 약화되어 스트레스를 감당할 수 없게 된다. 이 경우 판토텐산과 비타민 C를 함께 섭취하게 되면 부신의 기능이 회복된다.

육체와 정신의 스트레스를 방어하는 작용 때문에 '항스트레스(anti-stress) 비타민'이라고도 불려진다. 이 때문에 병원균의 감염을 막거나 상처회복을 돕는 데 효과적이다. 부족할 경우 스트레스로 인한 피로증세, 불면증, 흰머리, 현기증, 발육지연, 무기력증, 부신피질 기능저하 등이 올 수 있다. 효모, 간, 달걀, 현미 등 대부분의 식품에 함유되어 있고, 로얄 젤리(royal jelly)에 특히 많이 존재한다.

표 2-18 비타민 B_5의 특징

비타민 B_5
• 부신 스테로이드 호르몬 생성에 필수적 • 부족할 경우 피로(fatigue), 불면증(insomnia), 부신피질저하 • 판토텐산의 1일 섭취 요구량은 25 ~ 500mg

(5) 비타민 B_6

화학명은 피리독신(pyridoxine)으로 세포막을 튼튼히 하고 혈관의 탄력성(彈力性)을 높여주는 작용을 한다. 항체생성(antibody formation), 효소활성(enzyme activation), 평활근 기능(smooth muscle function) 및 지방산대사(fatty acid metabolism)에 필요하다. 피리독신은 조효소(coenzyme)으로 단백질 및 아미노산 대사, 필수 지방산 대사(essential fatty acid metabolism) 등 60종 이상의 효소 반응에 관여한다. 피리독신이 결핍되면, 동맥경화증(動脈硬化症)에 걸리기 쉽고 피부염(皮膚炎, dermatitis) 경련성발작(痙攣性發作), 빈혈(貧血, anemia) 등이 나타날 수 있다. 또한 피리독신은 월경 전 증후군(premenstrual syndrom)의 여성에게 탁월한 효과를 낸다. 더구나 이뇨작용을 나타내기 때문에 월경 전 증후군 경감에 도움이 된다. 피리독신은 말초 신경증을 치유하는데도 도움이 된다. 특히 사지 마비감, 손발이 저려 따끔거리는 증상에 효과적이다. 효모, 간, 육류나 어류, 달걀, 우유 등에 많이 함유되어 있다.

표 2-19 비타민 B_6의 특징

비타민 B_6
• 조효소(coenzyme)으로 아미노산 및 필수지방산 대사 등 60가지 효소반응에 관여 • 월경전 증후군(우울,예민,피로,유방통,복부팽만,손발부기,두통,요통) 치유에 효과적 • 피리독신의 1일 섭취 요구량은 25 ~ 300mg

(6) 비타민 B_{12}

비타민 B군 중에서 가장 분자(分子)가 크다. 분자 가운데에 금속 코발트(Co)를 포함하고 있다. 화학명인 "시아노코발라민(cyanocobalamine)"이라는 이름은 구조 내에 코발트(Co)가 함유되어 붙여진 이름이다. 이것은 자연에서 박테리아에 의해 합성되기 때문에 식물에는 거의 찾아 볼 수가 없다. 따라서 우유나 달걀 또는 동물성 식품을 먹지 않는 채식주의자는 비타민 B_{12} 결핍증에 걸릴 수 있다.

결핍증상으로 악성 빈혈, 피부 창백 및 황달 현상이 생기고 정신병 및 세포분열 저하를 들 수 있다. 간, 곡류, 채소, 과일 등에 함유되어 있다.

(7) 엽산

엽산(folic acid)의 영어명은 식물의 잎을 뜻하는 접두어인 'fol-'과 유기산을 뜻하는 '-ic acid'가 결합된 것이다. 처음에 시금치의 잎에서 추출하였으므로 '엽산(葉酸, folic acid)'이라고 하였다. 과거에는 비타민 M으로 불려졌고 지금은 비타민 B군의 하나로 비타민 B_9이라고도 한다. 임신 때에는 평상시의 2배 정도로 엽산의 요구량이 증가하며 부족할 경우 적혈구 생성에 이상이 생겨 빈혈을 일으킨다. 모유를 잘 나오게 하고 식중독을 막는다. 엽채류(葉菜類, 시금치 등), 효모, 간, 달걀노른자, 우유 등에 함유되어 있다.

엽산이 결핍되면 DNA합성에 영향을 주어 빈혈, 성장부진 등을 일으킨다. 비타민 B_{12} 와 함께 DNA 합성에 영향을 주는 요소이다. 악성 빈혈이 아닌 식이성(食餌性), 임신기(姙娠期), 소아기(小兒期) 빈혈 치유에 유효하다.

- 엽산의 필요량이 증가하는 시기는 임시기, 알코올 과음시, 신장투석시, 빈혈증상이 있을 시, 간질환시 증가하게 된다.

표 2-20 엽산과 비타민B_{12}의 기능과 결핍증

엽산/비타민B_{12}	기능	결핍증
엽산	핵산을 합성하고 세포의 분열과 적혈구를 형성한다.	임신전 임신초기 부족 시 기형아, 발달장애아 위험도 증가, 거대 적아구성 빈혈
비타민B_{12}		거대 적아구성 빈혈, 신경세포 퇴화 위장, 장질환 환자의 흡수 불량 및 노인, 채식주의자의 결핍이 발생

3) 비타민 C

화학명은 아스코르빈산(ascorbic acid)으로, 이는 부정을 뜻하는 접두어 a-('not'의 의미)와 괴혈병을 뜻하는 scurvy가 합해진 것으로, 괴혈병(壞血病)을 일으키지 않게 하는 유기산(有機酸)이라는 의미가 있다. 비타민 C가 부족하면 괴혈병에 걸린다는 것을 알려진 사실이다. 비타민 C는 노화의 원인이 되는 과산화지질(過酸化脂質)의 생성을 막으며, 간의 해독력(解毒力)을 증진시키고 피부에 멜라닌 색소가 생기는 것을 억제해주기 때문에 피부를 희게 하는 작용이 있다. 비타민 C는 지용성 항산화제인 비타민 E의 분해를 막아주고 항산화 효과를 상승적으로 증가시켜 주기도 한다. 비타민 C 항산화작용은 노화에 따른 주름과 피부의 처짐을 감소시켜 준다. 특히 비타민 C는 점막(mucous membrane) 의 유지에 도움이 될 뿐만 아니라 스트레스에 의해 쉽게 결핍되는 부신피질호르몬의 생성을 도와준다. 육체적, 정신적 스트레스가 더해지면 비타민 C가 다량으로 소비되므로, 비타민 C의 공급은 스트레스에 대한 저항력을 높여준다. 뿐만 아니라 면역기능의 향상에 큰 역할을 미친다. 그 결과 각종 감염증이나 암 발생에 대한 저항성을 높여준다. 실제 인체 실험에서 다량의 비타민 C를 투여한 결과 림프구(淋巴球, lymphocyte)의 증가가 관찰되었다.

비타민 C의 중요한 작용 중 하나는 콜라겐의 생성이다. 콜라겐은 피부와 근육, 뼈, 혈관을 결합하고 있는 단백질로 비타민 C가 결핍되면 콜라겐의 생성량이 줄고 혈관이 약해져 출혈이 쉬워진다. 콜라겐 생성이 부족해지면 결합조직이 약화되어 괴혈병의 초기 증상인 잇몸출혈이 쉽게 생기고, 또한 타박상에 쉽게 생기게 된다.

감기의 대부분은 바이러스(virus)가 원인인데 비타민 C에는 감기 바이러스의 활동을 억누르고 감기를 예방하거나 회복을 빠르게 하는 효과가 있다. 비타민 C에는 체내에 들어온 세균과 바이러스의 힘을 약하게 하거나 침입을 막고 면역기능을 돕는 작용이 있다. 식세포(phagocyte)의 이동성을 증가시켜 세균, 바이러스 등 유해 이물질을 잡아먹게 한다.

체내 비타민 C의 농도는 나이가 들어감에 따라 감소되기 때문에 노인의 경우 비타민 C의 섭취가 면역기능의 향상에 도움이 된다.

비타민 C를 직접 섭취했을 때는 피로회복에 효과적이고 기분을 상승시키는 작용을 하지만 피부에 직접 발랐을 때는 기미, 주근깨 방지, 피부미백, 염증완화 작용을 한다. 섭취했을 때와 피부에 직접 발랐을 때는 20배 이상 피부에 미치는 효과의 차이가 날 수 있으므로 피부를 위해 사용할 때에는 팩 등으로 활용하는 것이 좋다. 다만, 비타민 C는 태양광선에 의해 쉽게 산화되는 성질이 있으므로 아침보다는 저녁에 바르는 것이 좋다. 비타민 C는 입자가 크기 때문에 피부에 흡수되는 양이 적다.

표 2-21 비타민 C의 특징과 결핍증

구분	내용
특징	• 수용성 노화억제제, 항산화제 • 부신피질합성 촉진에 의한 항스트레스 효과 • 면역기능 강화(림프구 생성촉진, 식세포의 이동성 증가)로 감염증 등 저항성 증가 • 결합조직의 콜라겐 합성을 촉진
함유식품	• 장미열매, 감귤류, 토마토, 파인애플, 사과, 감. 아세로라, 체리, 브로콜리, 녹색채소, 감자, 포도, 파파야
효능	• 콜라겐의 생성을 돕는다. 모세혈관 벽을 튼튼하게 해주고 치유력을 높여주며 스트레스를 없애는 데 도움을 준다.
결핍증상	• 잇몸이 약해짐, 주름살, 늘어진 피부, 조기노화, 상처 치유력 약화

• 나이트로소아민

Nitrite는 육류의 부패를 억제하는데 사용됨과 동시에 베이컨(bacon), 소시지(sausage), 핫도그(hot dog) 등의 부패를 막는다. Nitrite 자체는 발암성이 없으나 섭취후 위내에 존재하는 아민(amine)과 결합하여 Nitrosoamine을 형성한다. Nitrosoamine은 인체에서 가장 강력한 발암물질중의 하나이며, 수용성이기 때문에 인체의 모든 조직에 분포하게 된다. 특히 위암을 잘 일으킨다.

비타민 C와 비타민 E는 Nitrosoamine의 생성을 억제한다. 따라서 Nitrite가 식품첨가물로 함유된 소시지나 핫도그 등을 먹을 때는 비타민 C나 비타민 E가 포함된 식품을 함께 섭취함으로써 이런 위험으로부터 벗어날 수 있다. 고기를 섭취 시 소금장과 탄고기를 함께 먹을 때 Nitrosoamine이 잘 생기며 깻잎, 마늘, 양파 등과 같이 먹고 소금장 대신 된장을 사용하여야 한다.

4) 비타민 D

화학명이 칼시페롤(calciferol)이라 불리는 지용성 물질로 체내에 축적되어 있다. 따라서 반드시 매일 섭취할 필요는 없다. 햇빛을 피부에 쪼이게 되면 피부에서도 합성되기 때문에 "일광(日光) 비타민"이라고도 한다. 즉, 햇빛에 함유된 자외선이 비타민 D를 만들어 준다. 비타민 D는 2가지 형태가 있다. 즉, 비타민 D_2(화학명 : ergocalciferol)과 비타민 D_3(화학명 : cholecalciferol)이다. 이들은 모두 간(liver)과 신장(kidney)을 통과한 후에 활성형인 비타민 D로 변화된다. 하루에 20-30분 정도 햇빛을 쐬면 충분히 생성될 수 있다.

이들 중 천연에 존재하는 것은 비타민 D_3이며, 이는 뼈의 형성과 칼슘의 흡수에 관여하는 것으로 신장에서 활성이 강한 대사산물로 전환된다. 비타민 D의 작용 중에서 가장 중요한 것은 칼슘과 인의 흡수를 촉진시켜 뼈나 치아에 침착시키는 것이다. 비타민 D가 부족하면 마음을 안정시키지 못하고 안절부절하게 된다. 심해지면 골연화증이나 골다공증 등이 나타나 골절되기 쉽다. 특히 유아나 한창 자라는 아이들은 뼈의 발육 부진이나 구루병에 걸리기 쉬우므로 결핍되지 않도록 주의해야 한다. 또한, 갱년기 여성이나 노인도 비타민 D가 결핍되지 않도록 해야 한다. 과잉 섭취 때는 식욕부진, 구토, 체중 감소 등이 나타난다.

표 2-22 비타민 D의 특징

비타민 D
• 비타민 D는 간 및 신장을 경유하여 활성형으로 전환된다. • 햇빛의 자외선에 의해 만들어진다. • 두가지 형태가 있다. 이중 천연에 존재하는 것은 비타민 D_2(cholecalciferol)이고, 화학적으로 합성한 것은 비타민 D_3(ergocalciferol) 이다. • 칼슘과 인의 흡수를 촉진하는데 중요한 역할을 한다. • 노인의 경우 비타민 D 부족 시 뼈 손상(bone loss)과 골절(fracture)이 되기 쉽다.

표 2-23 비타민 D의 성질과 결핍증

구분	내용
특징	지용성 영양제, 자외선에 의해 생성된다. 비타민 D로 쓰이고 있는 것은 비타민 D_2(cholecalciferol) 및 비타민 D_3 (ergocalciferol)이 있다. 칼슘과 인의 장 흡수를 촉진시킨다.
함유식품	생선의 간유, 붕어, 고등어, 꽁치, 버섯, 참치, 두유, 달걀노른자
효능	지용성 비타민 A와 더불어 여드름을 치유함. 조기노화의 속도를 늦추고 뼈에 칼슘과 인을 공급하여 튼튼하게 함.
결핍증상	활기부족, 성장둔화, 골다공증, 구루병(곱사 등)
부작용	과잉섭취(1일 100,000IU 이상)하게 되면 식욕부진, 구토, 체중감소 등을 일으킨다.
응용	1일 50 ~ 500mg 섭취한다.

5) 비타민 E

화학명이 토코페롤(tocopherol)인 지용성 물질로 주로 임신(妊娠)과 관계되어 불임(不妊)의 예방과 치료에 효과가 있다고 알려져 있다. "노화방지 비타민"으로도 알려져 있다. 비타민 E는 체내에서 과산화지질이 만들어지는 것을 막는 작용을 하기 때문에 노화방지에 도움이 된다. 따라서 부족하면 피부 세포의 산화가 빨라져 조기노화를 불러 올 수 있다.

비타민 E는 소맥배아유(小脈胚芽油), 대두유(大豆油), 난황유(卵黃油) 및 우유(牛乳)에 존재하며, 알파(alpha), 베타(beta), 감마(gamma) 및 델타(delta)의

4종으로 알파가 가장 효과가 강하다. 비타민 E는 불포화지방산의 산화를 방지하는데 효과가 뛰어나다. 특히 비타민 E는 노인반점(age spot), 간반(liver spot)과 같은 지방 갈색소(lipofusin)의 예방과 치유에도 도움이 된다. 상처 치유를 돕고 반흔(scar) 형성을 감소시켜 준다.

표 2-24 비타민 E의 성질과 결핍증

구분	내용
특징	지용성 노화억제제, 항산화제
함유식품	소맥배아유, 대두유, 난황유, 우유 등
효능	세포의 손상을 억제하고 조기노화를 늦추며, 피부손상을 빠르게 치유함. 흉터를 엷게 만드는 데 도움이 됨. 열상을 빠르게 치유함
결핍증상	상피세포의 약화, 조기노화, 윤기 없는 피부, 무기력, 열상을 입을 확률이 증가됨.
응용	1일 20 ~ 100mg 섭취한다.

이밖에 비타민 E는 동맥경화증을 예방하는 역할도 담당하고 있다. 비타민 E는 식물성 비타민으로 인간의 체내에서는 합성되지 않는다. 비타민 E는 산화되기 쉽고 열에 약하므로 샐러드의 드레싱(dressing) 등으로 만들어 생으로 먹는 것이 가장 효과적으로 섭취하는 방법이라 볼 수 있다.

6) 비타민 K

합성사료를 닭에 주었을 때 피하(皮下) 및 근육(筋肉) 등에 출혈이 생긴다는 것을 발견하고, 이에 유효한 인자를 비타민 K 라 하였다. 녹황색 채소에 함유된 것을 비타민 K_1(phylloquinone), 장내 유익균에 의해 만들어진 것을 비타민 K_2(menaquinone) 이라 한다. 혈액을 응고(coagulation) 시키는 작용에 의해 이상출혈(異常出血)을 방지하거나 월경과다(月經過多)를 막는다. 따라서 독일어로 응고를 의미하는 "Koagulation"의 첫 글자를 따서 비타민 K라 부르게 되었다. 비타민 K가 결핍되면 어린이의 만성 장염(腸炎)이나 설사, 대장염(大腸炎)을 일으키거나 빈혈이 생기기 쉽다. 양배추, 녹황색 채소, 요구르트, 달걀 노른자, 콩기름, 생선 간유에 주로 함유되어 있다.

7) 비타민 F

동물체 내에서 합성되지 않는 필수 지방산(essential fatty acid)으로 하루 소요량이 약 6g이며 다량이기 때문에 비타민으로 취급하지 않는 경우도 있다. 결핍증으로 성장속도 저해, 탈모, 피부 건조화, 불임 등이 나타난다. 일반적으로 불포화 지방산인 리놀산과 리놀렌산을 비타민 F라 부른다.

8) 바이오틴

바이오틴(biotin)은 지방산, 아미노산 및 당 대사에 중요한 역할을 하는 효소의 작용을 돕는다. 비타민 B군의 일종으로 비타민 B8 또는 코엔자임(coenzyme) R 혹은 비타민 H라고도 한다. 효모, 간, 콩팥, 그리고 삶은 달걀에 포함되어 있다. 익히지 않은 흰자(卵白)에는 아비딘(avidin)이라는 단백질이 바이오틴과 강하게 결합되어 있기 때문에 효과적이지 않다. 따라서 익히지 않은 흰자를 자주 섭취하면 탈모가 일어날 수 있다. 부족할 경우 손톱, 발톱, 모발의 발육이 느려지고 탈모, 피부염이 나타난다.

9) 비타민 P

바이오 플라보노이드(bioflavonoid)라고도 하는 것으로 정신적인 노동을 하는 직장인에게 많은 뇌졸중, 고혈압 등을 예방해준다. 모세혈관 강화작용이 있고, 비타민 C와 함께 사용하면 효과적이다. 주로 메밀과 감귤류에 함유되어 있다. 감귤류(柑橘類)에서 추출한 황색의 색소가 모세혈관의 투과성(permeation)에 영향을 미친다고 하여 영어명 "Permeation"의 첫 글자를 따서 비타민 P라 부르게 되었다. 그 뒤 비타민 P는 비타민으로서의 독립된 성분이 아니라 "플라보노이드"같은 일종의 영양소를 대표하는 총칭(總稱)이 되면서 비타민 P라는 명칭은 그다지 쓰이지 않고 있다.

표 2-25 지용성 비타민의 분류

지용성비타민	기능	결핍증	과잉증
A	세포분화를 조절하며 항산화 작용과 배아의 발달에 관여한다.	안구건조증 야맹증 피부이상 성장부진 성기능장애등	오심, 구토, 두통, 탈모, 입술균열, 피부건조 가려움, 골관절 통증등
D	뼈에 칼슘을 저장하며 세포분화와 증식을 조절하고 칼슘과 무기질의 항상성을 유지시킨다.	구루병 골다공증	고칼슘혈증, 고칼슘뇨증, 신장결석, 아동성장저해.
E	면역기능을 유지하며 심혈관계질환의 예방 및 신경계와 근육계를 보존한다. 항산화제의 기능을 가진다.	용혈성 빈혈	과잉증 증세 약함
K	혈액응고 작용과 골다공증을 예방한다.	혈액응고 지연	

6

무기질

무기질, 미네랄, 광물질은 모두 같은 의미의 말들이다. 자연계에는 100여종의 원소들이 존재하는데 이들 중 탄소(炭素), 수소(水素), 산소(酸素), 질소(窒素)를 제외한 원소들을 무기질(無機質, mineral)이라 한다. 성인의 체내 무기질 함량은 체중의 4% 정도이며, 이중 약 66%가 칼슘과 인이고 나머지는 칼륨, 마그네슘, 유황, 인 등이다. 특히 인체에 반드시 필요한 무기질은 20여종인 것으로 알려져 있다.

무기질은 무기원소(inorganic element)로서 이중 대부분은 다량 무기질(macro element)은 칼슘, 마그네슘, 칼륨, 유황, 나트륨, 인 및 염소로 이루어져 있다. 다량 무기질은 체내에 5g 이상 존재하며 1일 수백 mg의 양을 필요로 하는 것으로 주로 구조적 기능과 대사성 기능을 수행하고 있다. 한편, 미량 무기질(micro element)은 음식물에 매우 적게 들어 있기 때문에 부족증을 피하기 위해서는 올바른 영양 섭취가 중요하다. 이들은 소량이지만 다량 무기질만큼 중요하다. 만약 미량 무기질 중 하나가 없거나 부족하게 되면 다른 미량 무기질은 물론 다량 무기질의 흡수에도 방해가 된다. 미량 무기질은 1일 수 mg 또는 그 이하의 함량이 요구되는 것으로 철, 크롬, 셀레늄, 마그네슘, 아연, 구리, 요오드, 붕소, 몰리브덴으로 이루어져 있다. 이들은 적은 양으로도 인체 대사에 중요한 역할을 한다.

우리가 흔히 '중금속(重金屬)의 오염(汚染)' 이라고 할 때는 인체를 구성하는 데 필요하지 않은 무기질의 과잉 축적상태를 말한다. 무기질은 효소의 구조를 일정하게 유지해 줌으로써 활성을 유지할 수 있게 하지만, 필요 이상으로 존재하게 되면 효소를 변성시킬 뿐만 아니라 다른 단백질의 3차원적인 구조를 파괴함으로 해서 독성을 나타내게 된다.

납, 수은, 알루미늄, 카드뮴과 같은 것은 독성 무기질로 양양소의 흡수와 대사에 장애를 초래한다. 이들 독성 무기질은 체내 활성산소를 해독시키는 효소를 변성시켜 암 발생을 초래한다.

체내에 적절한 무기질이 존재하게 되면 에너지원으로서가 아니라 체액의 산-알칼리 평형을 이루는 영양소 역할을 하며, 체액을 약알칼리성으로 유지해주고 효소의 활성화에 기여한다. 세포내액에는 칼륨과 마그네슘이 많이 분포하고 세포외액에는 나트륨과 칼슘이 주로 분포한다. 따라서 칼륨과 마그네슘의 결핍은 세포 안의 모든 생화학적 반응의 지연과 정지를 의미한다. 그렇기 때문에 우리는 충분한 채소와 해조류를 섭취하면서 건강해지기 시작하는 것이다. 무기질은 다른 영양소와 화합물의 형태로 존재하기도 하지만, 혈액을 약알칼리성으로 유지하거나 인체에서 일어나는 생체반응의 촉매제로 작용할 때에는 물속에서 이온의 형태로 녹아 존재하게 된다. 이처럼 물에 용해된 상태로 세포 내·외 액간에 무기질을 이동을 매개하고 인체의 전기적·화학적 작용을 적절하게 유지시켜 준다. 무기질은 신체의 기능 조절에 있어서 중요한 역할을 하므로 인간의 생존 상 필수 불가결한 영양소이다.

표 2-26 무기질의 기능

구분	내용
1. 산 염기의 균형	체액의 pH를 일정하게 유지하게 함
2. 신체의 필수성분	신체의 각 부분을 구성하게 함
3. 물의 균형 조절	삼투압을 조절하여 혈관과 세포내 물의 양을 조절함
4. 촉매작용	탄수화물, 단백질, 지방의 합성과 분해에 촉매작용을 함

생명의 시작이 바다에서 비롯되었다고 생각하면 무기질의 역할이 잘 설명된다. 인체의 혈액 구성 이온을 조사해 보면 나트륨과 염소 이온이 많고, 이것에 소량의 칼륨, 칼슘, 마그네슘 이온 등이 가해져 있다는 공통점이 있다. 절대 농도에서는 차이가 있지만 상대 농도는 아주 비슷하다. 따라서 혈액은 체내로 끌어 들여 온 "바다"라고도 말할 수 있다. 생선의 맑은 국물 맛이 0.9% 생리 식염수에 가까운 것도 우연은 아닌 것이다. 혈액은 무기질의 균형에 의해 pH 7.4의 상태를 유지하고 있는데, 여러 가지 대사장해(代謝障害)에 의해 산-알칼리의 평형이 깨어지면 혈액이 산성(애시도시스, acidosis), 또는 알칼리성(알칼로시스, alkalosis)으로 치우치게 되는데, 대개는 산성으로 치우쳐 여러 가지 장해를 유발하게 된다.

표 2-27 무기질의 분류

다량 무기질	미량 무기질
• 체내 5g 이상 존재(1일 수백 mg 요구) • 주로 구조적 기능과 대사성 기능을 수행 • 다량 무기질의 예 – 칼슘 – 마그네슘 – 칼륨 – 유황 – 나트륨 – 인 – 염소	• 1일 수 mg 또는 이 이하 소량 요구 • 대사에 매우 중요한 역할을 수행 • 미량 무기질의 예 – 철 – 크롬 – 셀레늄 – 실리콘 – 아연 – 구리 – 요오드 – 붕소 – 몰리브덴

1) 다량 무기질

체내에 0.05% 이상 존재하는 것을 말하며 대표적인 것으로 칼슘(Ca), 인(P), 나트륨(Na), 염소(Cl), 칼륨(K), 마그네슘(Mg), 유황(S)의 7가지가 있다. 우리 인체에서 가장 풍부하게 존재하는 무기질이 칼슘이고, 그 다음이 인이다.

(1) 칼슘

칼슘은 체액을 알칼리화하는데 없어서는 안되는 물질이다. 부족하면 신경계통이 흥분되고 피부의 저항력이 감소하여 피부 가려움증이 야기되며, 산성 체질로 바뀌어 미용상의 문제를 일으킨다. 특히 피부의 표피층은 칼슘이 일정한 농도로 존재하여야 하는데 이것의 균형이 깨어지면 피부 장벽기능이 약화되어 아토피(atopy) 등 각종 피부질환이 생긴다.

칼슘은 뼈와 치아의 주요 구성 성분이며, 결핍되면 골격, 치아가 약해지고 골다공증이 생긴다. 또 머리카락이 빠지고 피부가 예민해지며 창백해진다. 체내 칼슘의 99%는 뼈와 치아에 있다. 식품을 통해 많은 양을 섭취하더라도 필요한 양만 흡수되고 나머지는 체외로 배출된다. 혈액 속이나 근육, 세포막 속에서도 소량의 칼슘이 존재하며 단백질이나 글리코겐(glycogen ; 간에서 저장되는 당질)의 대사, 혈액의 응고, 호르몬의 분비, 세포분열, 면역기능 등에 관여한다. 신경과 근육의 흥분을 조절하고 심장의 박동을 일정하게 유지시키는 것도 칼슘의 역할이다. 혈액 속의 칼슘이 소비되면 뼈나 치아에 저장된 칼슘이 혈액 속으로 빠져 나와 혈액의 칼슘 농도를 일정하게 유지한다. 비타민 D와 단백질은 칼슘의 흡수율을 높여준다. 따라서 칼슘만이 아니라 비타민 D나 단백질을 함유한 식품도 함께 먹도록 해야 한다. 또한 칼슘과 인이 결합하여 뼈가 형성되므로 이 두 가지를 골고루 섭취하는 것이 좋다. 인만을 너무 많이 섭취하면 칼슘의 흡수가 저해되기 때문이다. 작은 생선, 우유, 치즈, 해조류, 굴 등은 칼슘과 인을 균형 있게 함유하고 있는 식품이다. 그 중에서도 우유를 마시는 것이 칼슘 보급에 가장 효과적이다. 우유에 함유된 단백질과 젖당이 칼슘의 흡수를 돕기 때문이다. 칼슘은 체내에서 비타민 D(화학명 : calciferol)로부터 합성된 호르몬에 의해 신진대사된다. 따라서 비타민 D는 엄밀한 의미에서 호르몬이라 볼 수 있다. 자외선을 쪼여주면 피부에서 합성된다. 여성은 폐경기(肺經期)때 칼슘 부족현상이 일어날 수 있는데, 이때 외부에서 에스트로겐(estrogen)을 공급하면 칼슘이 빠져 나오는 것을 막을 수 있다. 그러나 에스트로겐을 계속 투여하면 부작용을 나타낼 수 있으므로 좋은 방법이 아니다. 식물성 에스트로겐(phyto estrogen)을 함유한 콩, 갈근, 석류 등을 먹으면 도움이 된다.

표 2-28 무기질의 종류와 기능

구분	종류	기능
다량무기질 (macro mineral)	칼슘	• 뼈와 치아의 형성, 뼈의 강도 유지 • 근육 수축, 신경전달, 혈액 응고, 세포외액에 주로 분포하는 양이 온물질
	인	• 뼈와 치아의 구성 성분
	나트륨	• 혈장(NaCl)성분, 세포외액에 주로 분포하는 양이온물질, 삼투압 조절
	염소	• 위산의 성분, 삼투압 조절, 혈장(NaCl)성분
	칼륨	• 세포내액에 주로 분포하는 양이온물질, 삼투압 조절
	마그네슘	• 세포내액에 주로 분포하는 양이온물질 • 근육의 수축, 이완균형을 유지하며 부족하면 근육경련이 생긴다.
	유황	• 해독과 피부병 치료 및 미백효과
미량 무기질 (micro mineral 또는 trace mineral)	철분	• 헤모글로빈 합성, 부족하면 모발이 빠지고 빈혈을 유발하여 얼굴이 창백해짐
	요오드	• 갑상선 호르몬의 주요 성분, 피부염증 치유, 피부 신진대사 촉진
	아연	• 단백질 합성, 상처회복, 부족하면 여드름, 탈모, 피부염 등을 일으킴
	구리	• 철분의 흡수와 이용을 돕는 효소의 구성성분으로 부족하면 빈혈이 생김.
	망간	• 뼈의 발육촉진 및 골밀도를 증가시킴.
	코발트	• 조혈작용, 비타민 B_{12}의 구성원소임
	실리콘	• 콜라겐 합성, 뼈와 피부조직을 강화해 줌.

• 독성 무기질인 납, 수은, 카드뮴은 영양소 흡수를 방해하고, 대사 장애를 유발한다.
이외에 활성산소 해독효소의 변성을 초래하여 활성산소의 유해 작용을 일으키게 한다.

(2) 인

칼슘 다음으로 많이 존재하는 무기질이다. 대부분이 뼈와 치아에 존재하고, 나머지는 인지질, 핵산 등으로 세포의 구성 성분이 된다. 인이 체내에서 작용하기 위해서는 칼슘과 인의 비율이 적절히 균형을 유지해야 한다. 특히 동물성 식품에는 칼슘보다 인이 많이 들어 있는 경우가 많기 때문에 인의 과잉 섭취를 경계해야 한다. 인이 부족하면 신진대사가 원활하지 못하고 뼈가 약해지며 발육부진(發育不振), 구루병(佝僂病) 등에 걸리기 쉽다.

(3) 나트륨

일상생활에서 자주 접하는 소금에 주로 함유되어 있다. 소금은 화학명(化學名)이 염화나트륨으로 함유된 성분 중에 특히 나트륨은 위액의 분비를 촉진시키고 소화를 돕거나 체액을 알칼리성으로 유지하게 하는 등 인간의 생리기능상 필요한 무기질이다. 과잉 섭취하면 혈압을 상승시켜 고혈압이나 동맥경화증을 불러일으킨다. 나트륨 성분은 체내에서 수분을 빨아들이는데 수분을 흡수하는 분량만큼 심장 박동수가 상승한다. 나트륨의 이런 작용을 억제하는 것이 녹황색 채소, 과일, 콩, 우유, 치즈 등에 함유된 칼륨이라는 무기질이다. 칼륨은 체외로 수분을 배출하는 작용을 하므로 칼륨이 많은 음식을 나트륨과 함께 섭취하면 상호 작용으로 체내 수분을 일정하게 유지시킨다. 하루 섭취량은 평균 10g 정도가 적당하다. 그러나 특별히 양을 측정해서 섭취하지 않더라도 고기나 채소 등의 식품 자체에 함유된 염분을 섭취하는 것만으로도 충분하다. 단, 조리에 의한 과잉 섭취에 주의하고 김치, 조림 등의 식염에 각별히 신경을 써야 한다. 그리고 발열이나 심한 설사 등으로 탈수 상태를 일으킨 경우에는 적당량의 물과 염분의 보급이 필요하다. 소금을 과다 섭취하면 나트륨 이온으로 인해 수분이 머물게 되어 피부에 부종이 발생할 수 있다.

산-알칼리 평형과 세포 내외의 삼투압(滲透壓)을 유지시키는 데 관여하고 있다. 나트륨은 주로 세포외액에 일정하게 존재하며 혈압을 유지시키는 작용을 한다. 혈장 내의 나트륨 농도가 약간만 증가하여도 동맥혈압에 큰 영향을 준다. 나트륨은 삼투현상에 의해 물을 신체의 한 부분으로부터 다른 부분으로 순환시키는 데 결정적인 역할을 한다.

만약 땀을 흘려 체액의 염분이 감소하면 혈압저하, 근육경련 등의 장애가 일어난다. 반대로 나트륨의 양이 증가하면 체액이 체내에 많이 남게 되어 몸이 붓는 현상이 나타난다. 나트륨의 과잉 섭취는 고혈압, 신장병, 심장질환에 바쁜 영향을 준다.

(4) 마그네슘

70% 정도는 인과 결합하여 뼈 속에 들어 있고, 나머지는 연조직(軟組織)과 체액에 분포되어 있다. 칼륨과 함께 세포내액에 주로 분포하는 양이온물질이다. 근육의 수축 및 이완의 균형을 유지한다. 따라서 결핍되면 근육의 경련현상이 일어난다. 마그네슘은 심장 기능, 근육 기능, 신경 기능 및 지방의 대사를 도와주고, 심부정맥, 고혈압, 불안증, 불면증을 감소시켜 준다. 또한 마그네슘은 뼈의 중요 구성성분으로 20 ~ 30g을 함유하고 있으며, 골격(skeleton)에 60%, 연조직(soft tissue)에 40%가 분포되어 있다. 우리 뼈에 마그네슘이 0.1% 만 있을지라도 칼슘과 마그네슘의 상호작용은 매우 중요하다. 마그네슘은 칼슘과 인의 균형을 유지하고 상호보완을 도와주는데 필수적인 성분이다.

칼슘과 마그네슘이 효율적으로 작동하기 위해서는 적절한 비율이 유지되어야 한다. 이상적인 칼슘과 마그네슘의 비율은 2 : 1 이다. 따라서 칼슘을 하루 1000mg 섭취할 경우 마그네슘은 하루 500mg이 필요하다. 칼슘을 1000mg 이상 섭취할 경우 마그네슘의 부족을 초래할 수 있다.

마그네슘의 가장 큰 역할중 하나는 근육의 이완을 도와주는 것이다. 칼슘이 근육조직 세포로 유입되면, 근육이 수축한다. 그러나 칼슘이 빠져 나오고 마그네슘으로 대체되면 근육은 이완된다. 이러한 기능 때문에 마그네슘의 부족증이 야기되면 안면근육이나 다리근육 경련 등이 발생한다. 따라서 마그네슘은 근육통, 통증을 수반하는 만성피로의 치유에도 이용된다.

(5) 염소

보통 나트륨에 수반하여 체내에 분포하며 위액(胃液)에서 염산(鹽酸)으로서 분비된다. 비교적 많은 양이 위장의 분비물 중에 있으며, 특히 위 내의 염산의 구성 성분으로 존재한다. 중요 기능은 나트륨과 함께 혈장 성분으로 수분의 균형과 삼투압의 조절을 돕고 체액의 pH를 일정하게 유지해 주는 것이다.

표 2-29 체액의 삼투압과 수분평형에 관여하는 무기질

	주요기능	결핍증	과잉증
나트륨	삼투압조절 산염기 평형 신경자극전달	식욕감퇴, 근육경련	고혈압, 고칼슘뇨증
칼륨			심장박동수 저하 (신장기능이상시)
염소	신경자극전달, 위액형성	혼수상태	고혈압

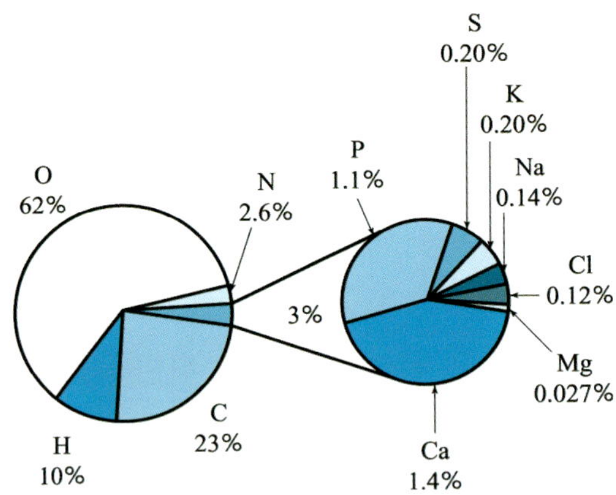

그림 2-11 인체 내의 필수 원소의 분포

(6) 칼륨

나트륨과 달리 세포내액에 주로 존재하며 세포기능에 중요한 역할을 한다. 세포내액의 양이온(cation)으로서 세포외액의 나트륨과의 정상적인 삼투압과 수분의 균형을 유지하여 세포액의 균형을 일정하게 유지해준다. 신경전달, 근육수축에 관여한다. 부족할 경우 심장박동 불규칙, 근육 쇠약, 하지 마비감, 구역질, 구토 등이 생긴다.

인체 내 나트륨과 칼륨의 비율은 인간의 진화를 반영하고 있다. 인류는 고칼륨/저나트륨 식품으로 진화되어 왔다. 해초는 칼륨과 나트륨의 비율이 24 : 1 로 칼륨의 비율이 높다.

(7) 유황

체내 독성 물질과 결합하면 독성이 없는 물질로 전환되어 소변으로 배설되므로 해독 작용에도 관여한다. "뷰티 미네랄(beauty mineral)"로 불리며, 피부를 투명하고 부드럽게 해준다. 피부병 치료 및 미백효과를 나타낸다. 결핍되면 두피 건조, 뾰루지, 습진, 여드름의 원인이 된다.

2) 미량 무기질

체내에 0.05% 미만 존재하는 것을 말하며 철분, 요오드, 아연, 구리, 망간, 크롬, 코발트, 실리콘, 셀레늄 등이 있다.

(1) 철분

혈액이 붉은 빛을 띠는 것은 헤모글로빈(hemoglobin)이라는 적혈구의 색소 때문이다. 이 헤모글로빈의 합성에 필요한 무기질이 철분이다. 적혈구는 인체 혈액의 35 ~ 50%를 차지하며 산소를 운반한다. 성인의 체내에 있는 철분의 양은 약 3g, 그 중 절반 이상은 헤모글로빈 속에 들어 있어서 산소를 운반한다. 그밖에 근육 속의 단백질에도 있다. 철분은 너무 많거나 너무 적어도 문제가 일어날 수 있다. 그러나 대부분의 문제점은 결핍증에 기인한다. 철분은 여러 음식에 함유되어 있지만 장에서 쉽게 흡수되기 힘들기 때문에 부족되기 쉽다. 특히 여성은 월경 때문에 만성적인 철분 결핍 상태에 빠지기 쉽다. 헤모글로빈은 체내에서 산소를 운반하는 작용을 하고 있으므로 철분이 부족하여 헤모글로빈이 감소하면 몸은 산소부족으로 현기증, 체력저하와 함께 심장고동이 빨라지고 숨이 차는 증세가 나타나기 쉽다.

신생아나 청소년, 임산부에게 잘 나타나는 철 결핍성 빈혈증은 물론이고 주의력이 산만해진다든지 근육이 허약해지거나 면역성이 약해 쉽게 감염성 증대까지 생기게 된다. 그렇다고 철분을 너무 많이 섭취하면 동맥경화증이나 암을 유발하는 물질을 생성할 가능성이 높아지기 때문에 적정량을 섭취하는 것이 좋다. 철분은 체내 저장이 안되기 때문에 음식물을 통해 얻어지며, 소의 간, 육류, 달걀 노른자, 참치, 뱀장어, 정어리, 굴, 콩 등에 많이 함유되어 있다. 비타민 C에는 철분의 흡수를 촉진하는 작용이 있으므로 비타민 C를 함유한 식품과 함께 먹으면 흡수가 잘 된다. 반대로 녹차, 홍차, 커피 등에 함유된 탄닌 성분은 철분의 흡수를 억제하므로 식사 직후에 이런 종류의 차를 마시는 것은 피하도록 한다. 동물성 식품의 철분은 흡수되기 쉽다. 특히 간은 권할만한 식품이다. 고기류에 함유된 철분은 비교적 함유량이 많고 흡수가 좋지만 채소, 곡류, 해조류, 유제품, 달걀 등의 철분은 함유량이 적고 흡수도 좋지 않다. 철분은 통곡, 야채, 육류 및 달걀에 광범위하게 존재하고 있다. 식품에서 유래되는 철분의 흡수력은 다양하게 나타난다. 붉은색의 육류에서 발견되는 유기철(organic iron)은 가장 흡수가 잘되며 흡수율은 10 ~ 30% 이다. 식물은 무기철(inorganic iron)을 함유하고 있으며, 2 ~ 10% 만이 인체 소화기관에서 흡수된다. 가장 흡수가 좋은 것은 주로 육류에서 발견되는 헴철(heme iron)이다. 육류에 존재하는 헴철은 생체 이용률이 10% 인데 비해, 야채에서 나온 비헴철(non-heme iron)은 1% 에 불과하다. 철분은 아주 강력한 산화촉진 작용을 가지고 있기 때문에 대량 섭취를 했을 경우에는 산화적 스트레스를 증가시켜 심장질환을 일으킬 수 있다. 과도한 철분은 혈액은 끈끈하게 만들어 순환을 나쁘게 하고 유해산소인 활성산소를 증가시킨다.

표 2-30 철의 2가지 형태

헴철	비헴철
붉은 육류 유기철	식물 야채 무기철
흡수 우수(10%)	흡수 불량(1%)

(2) 요오드

갑상선 호르몬의 구성 성분이며 단백질의 합성을 촉진한다. 그러나 과잉 섭취할 경우 갑상선 호르몬의 분비가 많아져 정신적인 불안 상태에서 놓이게 된다. 덥고 땀이 많아지며 식욕은 증진되나 기초대사의 항진으로 오히려 체중은 감소된다. 따라서 식욕은 좋은데 몸이 마르는 사람, 더위에 못 견디는 사람은 갑상선 기능항진증일 가능성이 많다. 갑산성 기능의 저하는 요오드 결핍과 연관이 깊으며 증상으로는 체내 수분량이 감소되어 피부가 건조해지고 두꺼워지며 목소리도 거칠고 둔탁해 진다. 또한 추위에 민감해지기 쉬워 겨울철의 피부관리에 주의해야 한다. 변비가 수반되며 특히 감기에 대한 저항력이 약화된다. 이러한 증상은 남성보다 여성에게 더 많이 발생되며 미역이나 해조류는 요오드의 좋은 공급원이다.

(3) 아연

우리 몸에서 아연은 효소를 활성화하는 데 관여하고 있으며, 특히 세포막의 구조와 기능에 중요한 작용을 한다. 아연이 결핍되면 상처치유 지연, 비듬, 탈모, 흰머리, 피부 변색 및 감염 증대현상이 나타나게 된다. 그러나 너무 많이 섭취하게 되면 구토, 구역질, 설사, 복통 등의 부작용이 나타날 수 있다. 아연이 많이 들어 있는 식품으로는 해산물과 육류,

그리고 콩 등이 있다. 상처치유, 세포성장 촉진, 세포 재생, 면역력 강화에 효과적이고, 비타민 A나 B군과 결합되어 여드름을 치유한다. 아연이 부족하면 췌장에서 인슐린 생성이 떨어져서 당뇨가 생길 수 있다.

표 2-31 요오드의 효능과 결핍증

구분	내용
특징	해조류, 생선, 조개류, 해바라기씨, 바다소금(천일염)
함유식품	피부염증의 치료, 피부의 신진대사 촉진, 거친 피부와 조기 주름 방지
효능	성장 및 치유 둔화, 신진대사가 불량해짐, 푸석푸석하고 거친 피부
결핍증상	여드름이 난 경우는 이를 악화시킬 수 있음

표 2-32 갑상선 호르몬의 과부족이 미치는 영향

갑상선기능 항진증	갑상선기능 저하증
피로하고 신경이 예민해지며 쉽게 짜증을 낸다.	쉽게 피로해지고 나른하며 의욕이 없다.
갑상선이 커진다(목이 붓는다).	얼굴과 손발이 붓고 손바닥이 노래진다.
피부가 촉촉하고 벨벳 같아진다.	피부가 건조하고 거칠어진다.
더위를 참지 못하고 땀이 많이 난다.	추위를 타고 땀이 잘 나지 않는다.
식욕이 왕성하여 자주 많이 먹는 데도 체중이 준다.	입맛이 없어 잘 먹지 못하는 데도 체중은 는다.
가슴이 뛰며 맥박이 빨라지고 숨이 차다.	기억력이 감퇴하고 청력이 떨어진다.
눈 주위가 붓고 눈이 돌출된다.	목소리가 거칠어지고 쉽게 쉰다.
무릎아래 정강이 부분이 붓는다.	머리카락이 잘 부서지거나 빠진다.
변이 묽어지고 설사처럼 횟수가 잦아진다.	변비가 잘 생긴다.
월경량이 줄어든다.	월경량이 많아진다.

(4) 셀레늄

간에 주로 존재하며 인체에 10 ~ 15mg 함유되어 있다. 인체의 노화와 암을 예방한다고 각광을 받기 시작한 물질 중에서 비타민 C와 베타-카로틴, 비타민 E, 그리고 무기질로는 셀레늄(selenium)을 들 수 있다. 셀레늄은 대표적인 항산화 무기질로 우리 몸에서 아주 적은 양만이 필요하다. 셀레늄은 유방암, 대장암 및 폐암을 예방하는 작용을 나타낸다. 특히 셀레늄과 비타민 E 는 상승작용을 나타낸다. 즉, 비타민 E 는 셀레늄의 항산화 작용을 증대시킨다.

노화지연, 항암, 면역기능강화는 물론 남성의 정자 생성과 정자 운동에 영향을 주어 남성의 정력과 성 기능을 증대시키는 것으로 알려져 있다. 그러나 셀레늄은 여러 가지의 독성이 있을 수 있으므로 과잉 섭취에 주의해야 한다. 과잉 섭취 시 탈모, 위장병, 가벼운 신경계 손상이 생길 수 있다.

셀레늄이 많이 들어 있는 식품으로는 브로콜리, 버섯, 양배추, 셀러리, 오이, 양파, 당근, 효모, 곡류, 생선, 동물의 내장 등이 있다. 또 셀레늄은 비타민 E와 함께 섭취하면 서로 효과를 높이는 작용이 있다. 하루 필요 섭취량은 50 ~ 250마이크로그램(μg)이다.

(5) 크롬

크롬은 포도당대사(glucose metabolism), 인슐린대사(insulin metabolism), 지방산대사(fatty acid metabolism) 및 근육성장(muscle growth)에 필수성분이기 때문에 에너지 증강제(energy booster), 근육증강제(muscle builder), 식욕억제제(appetite suppressant), 지방연소제(fat burner) 및 혈당조절제(blood sugar regulator) 등의 작용을 가지는 다목적 영양소이다. 3가 크롬이 식품에 존재하며, 6가 크롬의 경우 높은 독성을 가지고 있으며 발암물질로 알려져 있다.

표 2-33 크롬의 2가지 형태

3가 크롬	6가 크롬
식품에 존재	산업용품에 존재
혈당안정제(blood sugar stabilizer)	발암 물질(carcinogen)

(6) 구리

인체 모든 조직 내에 존재하나 특히 간, 뇌, 심장, 신장에 많은 편이다. 혈장 내 구리의 90% 이상이 셀룰로프라즈민(ceruloplasmin) 이라는 단백질과 결합하고 있는데, 이는 철 이용에 관여하는 산화효소로 Fe^{2+} 이온은 Fe^{3+} 이온으로 산화시킨다. 구리는 소장 상부, 위에서 주로 흡수되며 성인의 구리 흡수율은 약 30% 정도이다.

셀룰로프라시민의 구성성분인 구리가 부족하게 되면 정상적인 헤모글로빈 합성이 일어나지 않게 되어 철 결핍성 빈혈이 발생할 수 있다. 티로시나제의 활성 부위에도 존재하는 것으로 부족 시에는 멜라닌 색소의 합성이 저해되어 피부색이 옅어지게 된다. 굴, 효모, 가재, 동물의 내장, 종자류, 견과류에 존재한다.

(7) 망간

망간의 흡수율은 매우 낮아서 섭취량의 3 ~ 4% 만이 소장을 통해 흡수된다. 망간의 흡수기전은 철과 비슷하여 철과 경쟁적으로 흡수된다. 따라서 철의 함량이 많을수록 망간의 흡수는 방해된다. 망간은 체내 여러 효소의 보조인자(cofactor) 로서 효소의 활성화에 관여한다. 견과류와 채소, 과일 등에 주로 함유되어 있다.

3) 초미량 원소(Ultra trace elements)

아주 적은 나노그램(ng)단위의 양만을 필요로 하는 것들이 있는데, 이를 초미량 원소라 한다. 극히 미량일 때 인체에 유용하게 작용하고 함량이 많아지면 오히려 인체에 치명적이다. 대표적인 것으로 비소, 카드뮴 등이 있다.

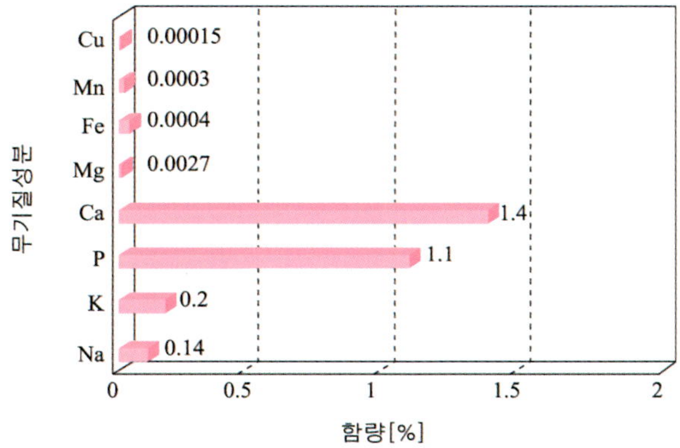

그림 2-12 인체조직에 존재하는 무기질의 성분량

7 물

물은 6대 영양소라고도 하며 체중의 3분의 2를 차지하는데, 어릴수록 물의 비율이 크다. 기능면에서도 5대 영양소 못지않게 중요한 역할을 담당하고 있다. 그러나 우리가 공기를 마시면서 공기의 고마움을 잊고 살듯이 물의 중요성을 깨닫지 못하고 살아가기 쉽다. 물은 인체의 체액을 구성하며, 이는 림프액, 조직액, 혈액의 대부분을 차지하고 있다. 물은 피부에서도 중요한 역할을 하는데 피부의 투명성과 탄력을 유지하게 하고 체온 조절작용을 한다. 이때 수분이 부족하면 피부가 미세하게 갈라지며 잔주름이 생기기 쉽고 감염이 잘 된다. 또한 침샘의 분비, 위나 장의 운동과 소화기능 등 인체의 기능을 유지하게 해주고 인체의 모 든 동작에 반드시 필요하다.

인체 내에서 혈액은 동맥과 정맥을 따라 돌아다니며 세포와 조직에 필요한 영양소, 산소, 이산화탄소를 운반해주고 노폐물을 배출하는 기능을 수행한다.

따라서 탈수 증상이 심해져 인체 내에 물이 부족해지면 치명적인 일이 일어나고 만다. 인체 내에서 일어나는 모든 생화학반응은 물을 매개로

하여 일어나는 것이므로 인체에 물이 부족하다는 것은 곧 인체의 모든 반응들이 제대로 일어날 수 없음을 의미한다. 오늘날 빠르게 늘어나고 있는 각종 질병들은 대개 혈액순환, 수분대사에 문제를 지니고 있다. 따라서 무엇보다 충분한 물을 섭취하는 것이 중요하다. 하루에 1.5 ~ 2L의 물(200ml 컵으로 8 ~ 10회)을 마셔야 한다. 물을 마시고나면 1분 뒤에는 혈액에 스며들기 시작하며, 30분 정도면 몸 구석구석까지 퍼진다. 독성을 나타내지 않고 몸 어느 곳이라도 통과하는 물질은 물 이외에는 찾아보기 어렵다. 오염된 물을 마시게 되면 피부병이 생길 수 있고, 좋은 물은 질병을 예방해준다.

물에는 약알칼리수를 비롯하여 육각수, 자석으로 처리한 자화수 등 다양한 먹는 물이 있다. 물의 종류와 인체, 특히 질병과의 관계는 많은 과학자의 연구 대상이기도 한다. 물은 함유된 수소이온의 농도에 따라 산성, 알칼리성으로 구분되는데, 오염이 많이 된 빗물은 산성이다. 그러나 보통 물은 약한 알칼리성을 띠고 있다. 또 보통의 물은 오각수와 육각수가 혼재되어 있는데, 물이 차가울수록 육각수의 비율이 높아진다. 신체 내에는 약 60%의 육각수가 존재하고 냉장고 온도(4℃)에서의 약 23%의 육각수가 생성되며 물을 끓이게 되면 다 없어지게 된다.

표 2-34 체액의 구성비

구분	구성(%)
림프액	60
조직액	30
혈액	10

표 2-35 물의 종류와 성질

종류	성질
약한 산성수	마실 경우 몸을 산성화시켜 질병에 취약하게 한다.
약한 알칼리수	보통 마시는 물로 몸을 건강하게 유지시킨다.
육각수	온도가 낮을수록 비율이 많아지며, 암 예방 효과가 있다.
자화수	자석의 N극을 물 가까이 대어 처리하면 물의 배열이 일정해져 구조가 더욱 치밀하게 되고 세균 등 오염이 쉽게 생기지 않는다.

수분손실량에 따른 탈수증세

그림 2-13 수분 부족이 인체에 미치는 영향

그림 2-14 수분 손실량에 따른 탈수증세

		체중(kg)	수분비율	수분함량(L)
신생아		3.2	75%	2.4
성인기	남	66	60%	40
	여	53	50%	26
노인기	남	60	50%	30
	여	52	45%	23

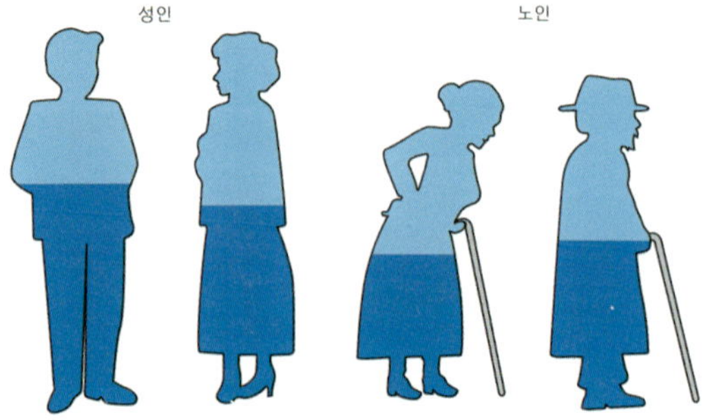

그림 2-15 물의 적정 섭취량

8

섬유질

섬유질(纖維質)이란 탄수화물 중에서 체내로 소화되지 않고 남는 물질을 말한다. 이는 장의 운동은 활발하게 하며, 장내의 유해물질과 노폐물이 흡수되지 않도록 해준다. 노폐물에서 발생한 유해물질이 장에 흡수되어 혈액으로 들어가면 여드름, 습진 등을 악화시키고 피부가 거칠어지는 등의 나쁜 영향을 미친다. 섬유질은 대변을 잘 통하게 하는 작용으로 소화, 흡수를 거친 음식물의 찌꺼기를 제때 체외로 배출하므로 유해물질이 흡수되는 기회를 감소시킨다. 대변이 잘 되면 유해물질이 장에서 머무르는 시간이 짧아지므로 부드럽고 윤기있는 피부를 유지할 수 있다. 그러나 장시간에 걸쳐 과다하게 섭취하게 되면 섬유질이 장의 점막을 손상할 수 있으며, 무기질과 비타민의 흡수를 저해하는 부작용을 초래할 수 있다.

각종 패스트푸드와 가공식품의 발달에 의해 곡식의 도정과 가공이 증가되었으며, 이로 인해 당뇨병·심장질환·고지혈증·변비·맹장염·유방암·대장암·직장암과 같은 섬유질 결핍에 의한 질병이 크게 증가하였다. 섬유질에는 물에 녹는 수용성 섬유질과 물에 녹지 않는 불용성 섬유질이 있는데, 이러한 섬유질은 대개 식물성 식품에 혼재되어 있으며 서로 보완적인 역할을 해내고 있다. 불용성 섬유질은 소화관 내에서 대변의 양을 증가시켜 노폐물의 장내 체류기간을 단축시킨다. 그리고 수용성 섬유질은 포만감을 주며 포도당의 흡수를 지연시켜 혈당을 안정적인 수준으로 유지시키고 담즙산과 콜레스테롤, 중금속, 농약 같은 화학성분 등을 흡착하여 배설한다. 또한 유해 균의 번식을 억제하여 장내 생태계를 건강하게 유지한다.

삼백(三白)이라 불리는 흰 쌀밥, 흰 밀가루, 흰 설탕처럼 도정하고 정백된 식품과 육식 위주의 식사로 칼로리가 과잉 섭취되고 환경오염물질 등 인체 내에 불필요한 화학물질들이 자신도 모르는 사이에 섭취되고 있는 요즈음, 섬유질이 제거되지 않은 현미나 통보리, 해조류, 채소류의 섭취를 늘리는 것은 이 시대를 살아가기 위한 적극적인 방어책이다. 그러면 섬유질의 작용에는 어떤 것들이 있는지 살펴보자.

표 2-36 섬유질의 분류

구분	화학성분	식품의 예
수용성 섬유질	펙틴, 알긴산, 구아검	미역, 다시마, 한천, 카라기난 등
불용성 섬유질	셀룰로오스, 리그닌	현미, 통보리, 통밀, 콩, 옥수수, 야채류, 키틴 등

표 2-37 수용성 섬유질과 불용성 섬유질의 기능 비교

구분	기능
수용성 섬유질	음식물의 위장통과를 느리게 하여 포도당의 흡수를 지연시키고 혈청 콜레스테롤을 감소한다.
불용성 섬유질	장 통과 시간을 단축하며 장의 운동량을 증가시키며 분변량의 증가 및 변비의 예방효과를 지닌다.

첫째, 섬유질이 많은 음식은 씹지 않고 넘기기가 어려워 많이 씹게 되므로 침샘에서 소화 효소의 분비를 촉진한다.

둘째, 수용성 섬유질은 수분을 빨아들여 팽창되므로 포만감을 주어 식욕을 억제한다.

셋째, 위장의 운동과 소화흡수 속도를 조절하므로 위궤양, 장 질환, 췌장 질환의 치료에 우선적으로 필요하다.

넷째, 대변의 양을 늘려 장의 연동운동을 촉진하므로 장내 노폐물을 빠르게 배설하도록 한다. 따라서 변비를 예방하고 노폐물의 재흡수를 막아 대장암, 직장암, 유방암, 자궁암 등의 발생위험을 낮춘다.

다섯째, 당분의 흡수를 생리적인 수준으로 조절하여 혈당을 안정적으로 유지하고 저혈당증과 당뇨병, 비만, 정신분열증 같은 만성 질환을 예방 및 치료해준다.

여섯째, 지방을 소화하기 위해 분비된 담즙산은 장내 세균에 의해 발암물질을 형성하는데, 섬유질은 담즙산과 콜레스테롤을 흡착 배설하여 발암물질에 노출되는 것을 막고 콜레스테롤 수치를 저하시켜 고지혈증, 담석증, 심장 질환을 예방하고 치료한다.

일곱째, 양이온을 교환하는 능력으로 납, 수은, 카드뮴과 같은 중금속을 흡착하여 배설한다.

여덟째, 섬유질은 장내 유익균의 먹이이기 때문에 섬유질이 있으면 유익균이 증식하게 되고, 장내 세균에 의해 분해되어 생성된 산성 물질들은 유해균의 번식을 억제하여 장내 생태계를 건강하게 유지한다.

주의할 점으로 섬유질은 물을 빨아들여 함유하고자 하는 성질을 지니고 있기 때문에 섬유질이 풍부한 음식을 섭취할 때, 물의 섭취를 줄이면 위장의 점막을 자극하여 통증을 일으키거나 오히려 장관 내 배설을 지연시킬 수 있으므로 충분한 물을 마셔야 한다는 것이다. 특히 섬유질에는 양이온을 교환하는 능력이 있어 대부분의 양이온성 중금속인 환경오염물질이나 미세 먼지 등을 흡착하여 배설하지만 이 양이온은 인체에 꼭 필요한 무기질까지도 흡착하여 배설할 수 있는 우려가 있다는 점이다. 그러나 섬유질에 의해 흡착 배설되는 양이 심각할 정도는 아니기 때문에 크게 걱정할 정도는 아니고 오히려 칼슘이나 마그네슘과 같은 무기질을 배설하는 육류와 유제품, 설탕이 들어 있는 식품은 삼가는 것이 좋다. 섬유질은 장내 세균에 의해 분해되어 인체에 무해한 가스를 만들어내는데, 갑자기 섬유질이 많은 식사를 하게 되면 장내 가스 생성이 증가되어 복부 팽만감 같은 불편을 느낄 수 있다.

표 2-38 식이섬유소의 비만 예방 효과

작용부위	식이섬유소의 역할
입	저작작용의 증가, 침분비 증가
위장	위장에 머무는 시간의 증가, 포만감증가
췌장	인슐린 분비의 감소
소장	영양소의 흡수 지연
대장	일부 영양소의 배설량 증가, 장의 운동량 증가
지방세포	체내 지방 합성의 감소 및 분해 촉진

9 파이토케미컬

파이토(phyto)는 식물이라는 그리스어원에서 유래되었으며 식물성 식품속에 미량으로 존재하는 성분을 파이토케미컬(phytochemical)이라하며 건강에 유익한 생리활성을 가진 물질을 말한다. 이 물질의 결핍증은 특별히 없지만 불균형 식사를 장기간하여 부족하게 되면 건강에 치명적인 위험을 가할수 있다. 오렌지나 토마토의 색의 성분이 카로티노이드와 마늘의 매운 맛의 성분인 알릴 화합물등은 항산화 작용과 항암효과를 지닌다. 신선한 과일, 채소, 차, 견과류등에 존재하며 밝고 예쁜색의 식품에 다량으로 존재하는 특징을 가진다. 파이토케미컬은 다양한 역할을 가지고 있는데 가장 특징적인 것은 항산화작용이며 면역기능을 증가시켜 주는 것이다. 또 해독작용을 하거나 호르몬의 조절, 박테리아 바이러스를 제거하는 작용을 가지는 종류도 있다.

표 2-39 색상에 따른 파이토케미컬의 종류

색	식품	종류
빨강	토마토, 수박, 딸기	라이코펜
주황	호박, 살구, 당근, 감	베타카로틴
노랑	귤, 오렌지, 파이애플	베타카로테틴
노랑(초록)	갓, 무청, 옥수수, 완두콩	루테인
초록	양배추, 브로콜리, 시금치	루테인, 지아잔틴
흰색	마늘, 양파, 배	알릴화합물, 퀘르세틴
보라	포도, 가지, 체리, 자두	안토시아닌

파이토케미컬의 섭취는 영양 보충제의 복용보다는 신선한 과일과 채소를 통한 섭취가 흡수에 유리하며 안전성이 우수하다. 과량으로 섭취 시 독성이 생길 수 있으며 충분한 과일과 채소의 섭취는 영양 보충제보다 항암효과가 뛰어난 것으로 연구되었다.

1) 카로티노이드

오렌지색, 노란색, 녹황색, 붉은색의 식물색소로 알파-카로틴, 베타-카로틴, 루테인, 라이코펜 등 600여종의 종류가 존재한다. 항산화 작용과 비타민 A의 전구체 역할을 하는 카로티노이드도 있다.

표 2-40 카로티노이드의 종류와 기능

종류	기능
베타-카로틴	항암효과 및 노화지연, 폐기능의 향상과 당뇨 합병증 예방
루테인	백내장, 황반 퇴화의 예방 시각 퇴화 지연, 암예방
라이코펜	심장병 예방, 피부, 암예방

2) 플라보노이드

생체내의 중요한 세포와 분자를 공격하여 산화시키는 프리 라디칼을 안정화 시킬 수 있는 물질로 항산화 작용이 뛰어나다. 항산화작용은 만성퇴행성 질병을 예방하고 노화를 방지시켜주는 작용을 한다. DNA의 손상을 감소시키며 HDL콜레스테롤의 증가와 혈관벽을 청소해주는 작용을 가진다.

표 2-41 플라보노이드의 종류와 기능

종류	기능
라스베라트롤	심장병과 암을 예방하며 뇌졸중 발생을 감소 시켜 준다. 에스트로겐과 유사한 구조로 유사 여성 호르몬과 같은 기능을 가지며 혈전형성을 지연시켜 준다.
안토시아닌	단기 기억력의 증가와 치매 예방 효과와 요도감염을 감소 시켜준다.
쿼르세틴	알레르기와 관련된 염증의 감소 및 흡연으로 인한 폐 보호 및 호산구의 감소 기관지암의 예방 등의 효과를 가진다.
헤스페리딘	혈관강화 효과와 심장병을 예방한다.
카테킨	항암효과, 지방분해 효과, 비만예방 효과, 혈관의 노폐물제거 등의 작용을 한다.

3) 페놀 화합물

혈중 콜레스테롤의 저하와 심장병 및 항암효과를 가지는 물질로 자두, 딸기, 키위, 건포도, 토마토 등과 현미 등 전곡류에 다량으로 들어있다. 커피 원두의 카페인산이나 과일의 섬유소에 존재하는 페롤릭산 등이 대표적이며 항산화 작용이 뛰어나다

4) 이소플라본

대두에 다량으로 함유되어 있으며 에스트로겐과 유사한 구조를 하여 체내에서 여성호르몬과 유사한 기능을 한다. 유방암의 예방에 효과적이며 폐경기, 갱년기 증상의 완화 효과를 가지며 골다공증을 예방하여 준다. 두부, 된장, 청국장, 석류 등에 많이 있다.

5) 인돌

유방암의 위험도를 낮춰주며 건강한 세포상태를 유지시켜주는 물질로 브로콜리, 양배추, 컬리플라워 등에 함유되어 있다.

6) 리모넨

모노터펜(monoterpene)으로 불리우며 오렌지, 귤, 자몽, 레몬 등의 감귤류 겉껍질과 안쪽의 흰 껍질에 함유되어 있으며 입맛을 돌게 하는 쓴맛을 내는 화합물이다. 폐를 보호하고 항암효과를 가진다.

7) 리그난

리그난(lignan)은 아마씨 등에 다량 함유되어 있으며 에스트로겐과 유사한 구조를 가지고 있으며 에스트로겐의 작용을 조절하는 효과를 가진다, 유방암을 예방하는 작용을 하며 해초류, 대두, 곡류의 껍질에 포함되어 있다.

8) 사포닌

사포닌(saponin)은 콩류와 인삼의 성분 중 다량 포함되어 있으며 거품을 내는 주 화합물이다. 많은 량은 설사를 유발하기도 하나 여러 가지 항암 작용을 가지며 사과, 샐러리, 딸기, 포도, 홍차, 녹차 등에 소량 존재한다.

식품 성분표시를 살펴보자

비타민, 미네랄은 탄수화물, 지방, 단백질과 함께 우리 몸을 구성하는 '5대 영양소'이다. '비무'(비타민, 무기질)의 섭취는 '탄단지'(탄수화물, 단백질, 지방) 에 비해 훨씬 적다. '탄단지'는 하루 수십~수백g 씩 먹는데 비해 '비무'는 mg(1000분의 1g) 또는 μg(100만분의 1g) 단위로 섭취한다. 따라서 비무를 미량 영양소라 부른다. 그래서 영양 성분표에도 탄단지는 의무적으로, 비무는 식품업체가 자율적으로 표시하게 되어 있다. 식품업체 입장에서 비무는 영양성분표에 표시하는 것이 불리하거나 불필요하다고 생각하면 표시하지 않아도 법적으로 문제가 없다는 뜻이다. 생활이 어려웠던 시절에는 '비무'의 섭취가 크게 부족했다. "비타민, 무기질은 무조건 많이 먹는게 좋다"는 인식이 깊게 심어진 것은 이런 배경에서다. 비무의 섭취는 적정량을 해야 최상의 효과를 얻을 수 있다. 몸 안에 축적되는 지용성 비타민(A, D, E, K) 의 경우 특히 그렇다. 아래 식품성분표를 보자.

• 영양 정보 표시(NUTRITION FACTS)

총함량(88g):표준 1인분량 3회분

표준 1인분량(serv.size):1pack(29.33g)				
열 량	탄수화물(설탕)	단 백 질	지방(콜레스테롤)	나 트 륨
130Kcal	21g(0g)	3g	4g(0mg)	280mg

• 영양 성분표(120g기준)

열 량	단백질	지 방	탄수화물	나트륨	칼 슘
520Kcal	8g	17g	83g	2210mg	126mg (1일권장량의 18%)

그림 2-16 식품의 성분표시

비타민, 무기질 중에서 나트륨(소금 성분)만 의무 표시 대상이고, 비타민 A에서 철까지 모두 임의 표시 대상이다. "웰빙 성분으로 관심이 높아진 비타민 B_{12} , 마그네슘, 셀레늄 등의 함량은 왜 없을까?" 하는 의문도 생길 것이다. 이들 영양소의 기준치(하루 섭취 권장량)가 없어서이다. 비타민, 무기질은 임의 표시하되 현재 영양소 기준치가 설정돼 있는 것만 표시할 수 있게 되어 있다. 표에서 비타민 C 함량은 400mg 이다. 이 수치만으로는 감이 잘 오지 않는다. 그러나 영양소 기준치 비율(400%)을 보면 비타민 C의 영양소 기준치(100mg)보다 4배나 많은 양이 들어 있다는 것을 알 수 있다.

10 식품첨가물

식품과 식품 첨가물의 관계는 매우 밀접하다. 우리가 먹는 수많은 식품에는 식품첨가물을 넣지 않은 것이 없을 정도로 식품 첨가물의 사용은 일반화되어 있다. 식품 첨가물이란 식품의 품질을 높이고 보존성과 기호성을 향상시키며 식품의 실질적 가치를 높이기 위해 인위적으로 사용하는 물질을 말한다. 식품 첨가물의 사용은 매우 오래 되었다. 오랫동안 인류가 사용해 왔던 소금은 식품첨가물로 분류된다. 식품의 품질을 향상시키기 위해 사용되고 있는 식품첨가물은 거의 대부분 화학적으로 합성되어 얻어진다. 만일 합성 식품첨가물이 없다면 가공 식품을 대량으로 생산하기 어려우며, 현재와 같은 장기간 상품 유통은 불가능하게 될 것이다. 보존료의 사용도 일제히 금지된다면 식중독 사고가 폭발적으로 발생할 것이다. 그렇다고 식품 첨가물을 지나치게 사용하게 되면 여러 가지 부작용이 발생된다. 따라서 식품 첨가물의 지나친 사용을 규제하기 위해 배합가능한 식품첨가물의 종류와 최대 허용 첨가량이 국가별로 정해져 있으며 개인별로 안전한 식품섭취를 위해 식품첨가물에 대한 일일 허용 섭취량이 정해져 있다.

식품 첨가물은 현재 600여종이 사용되고 있다. 이중 착색료라고도 하는 색소는 크게 천연색소와 합성색소로 구분할 수 있다. 카로티노이드, 안토시아닌, 플라보노이드 등의 식물성 천연색소는 알칼리성 용액에서 특유한 색을 낸다. 이러한 성질을 이용하면 식품에 함유된 색소의 종류를 정성적으로 알아낼 수 있을 것이다.

표 2-42 식품첨가물의 분류

사용 목적	명칭
맛, 색깔을 내기 위한 것	조미료, 감미료, 착색료, 표백제, 착색료
변질을 막아주기 위한 것	보존료, 살균제, 산화방지제
품질을 유지하기 위한 것	유화제, 피막제
제조의 효율을 위한 것	소포제
영양 강화를 위한 것	영양강화제

식품을 가공 또는 저장하는 과정에서 야채나 과일의 껍질을 벗기면 갈색을 띠는 갈변현상이 나타난다. 이러한 갈변현상을 식품의 품질을 떨어뜨리는 요인이 되기 때문에 이를 방지하기 위하여 표백제를 사용하는 경우가 있다. 식품에 사용되는 표백제로는 아황산나트륨과 같은 환원제나 과산화수소와 같은 산화제가 있다. 그러나 아황산나트륨을 과다하게 섭취하게 될 경우 두통, 복통, 기관지염 등을 일으킬 수 있다. 소비자들이 식품을 선택할 때 외관을 중요시하기 때문에 식품제조업자은 아황산나트륨을 지나치게 많이 쓰는 경향이 있다. 소비자들이 외관보다는 자연 그대로의 식품을 중요시 한다면 식품 업자들이 굳이 이런 표백제를 사용하지 않을 것이다. 따라서 소비자들이 식품을 선택할 때 다음과 같이 몇 가지만 신경을 쓴다면 유해한 표백제로부터 벗어날 수 있을 것이다.

첫째, 우엉, 연뿌리, 도라지, 토란, 밤 등 껍질을 벗겨서 파는 식품이나 말린 어포류 등은 지나치게 흰 것을 피하는 것이 좋다.

둘째, 식품의 냄새를 맡아 보아 염소나 과산화수소와 같은 화학약품 취가 나는 것은 피하도록 한다.

셋째, 표백제 사용에 대한 우려가 있다면 식품을 깨끗한 물에 담근 후 조리를 하고, 충분히 가열하여 조리하면 아황산나트륨의 잔류량을 줄일 수 있다.

3

CHAPTER

비만과 다이어트

nutrition & health

1

비만의 정의

우리는 "살기 위해서 먹는 것일까?", "먹기 위해서 사는 것일까?" 인생의 즐거움 가운데 가장 큰 것 중의 하나가 먹는 즐거움이란 것은 틀림없다. 먹는 것, 즉 음식은 우리에게 즐거움을 줄 뿐만 아니라 건강과 생명을 유지시켜 주는 근본이다. 그러나 음식은 때로 비만을 초래한다. 비만은 에너지의 섭취량과 소모량의 불균형 때문에 생긴다.

비만은 일종의 영양 불균형이며, 체지방이 과잉으로 침착된 상태라고 정의할 수 있다. 비만의 원인은 장기간에 걸쳐서 소비 열량보다 훨씬 많은 칼로리를 섭취하여, 과잉 열량이 체지방으로 저장되어 체중이 증가되기 때문이다. 비만의 원인은 단순하지 않으나, 유전적 요인보다 환경적인 요인이 더 크다. 음식 섭취의 과잉과 신체활동의 부족, 심리적 원인과 식습관을 들 수 있다.

비만증 치료의 원칙은 1) 저칼로리 음식, 2) 충분한 단백질 공급, 3) 충분한 비타민과 무기질 공급, 4) 운동 등이다.

운동을 실시하며 저칼로리식을 할 경우 지방의 감소가 현저하며 체단백질의 손실이 없어서 탄력과 건강을 유지할 수 있다.

비만을 판단하는 기준은 몸 안의 지방이 필요 이상으로 많이 붙어 있느냐 아니면 적당한 수준인가이다. 비만의 주범처럼 생각되는 몸 안의 지방도 우리가 살아가는 데 없어서는 안 될 요소 중의 하나이다. 일반적으로 체중 중에서 지방이 차지하는 비율은 성인 남자의 경우 20%, 성인 여자의 경우 30% 정도라 알려져 있다. 이는 몸 안에 비축된 지방이 여성의 신체에서 수행하는 역할이 더 많기 때문이다. 체지방의 양은 여성의 생식기능과 연관이 깊다.

비만은 여러 가지 합병증을 유발하기도 한다. 비만일 때 걸리기 쉬운 질병으로는 당뇨병, 고혈압, 심장병, 담석증, 관절장애, 특히 여성에 있어서 생리불순, 불임증 등을 일으킬 수 있다. 이와 같은 비만의 요인으로는 과식과 운동 부족, 즉 에너지 밸런스의 부조화를 들 수 있으며 사회적, 경제적 요인이 비만증을 일으키기도 한다. 비만이 에너지 소비와 섭취의 불균형에 의해서 생긴다면 운동에 의한 소비 증가를 꾀하여야 한다. 저열량식과 함께 운동요법, 식습관 변화를 같이 실시하여야 그 효과를 거둘 수 있다.

표 3-1 일상식품의 에너지 비교

(단위 : 100g)

식품	열량
초콜릿, 감자칩, 버터쿠키, 호두, 땅콩	500kcal 이상
설탕, 치즈, 돼지고기(삼겹살)	300 ~ 400kcal
아이스크림, 달걀, 쇠고기	150 ~ 200kcal
밥, 국수	100 ~ 150kcal
무, 바나나, 감자	50 ~ 100kcal
사이다, 사과, 배, 감귤	25 ~ 50kcal
당근, 시금치, 딸기, 양배추, 오이, 미역	0 ~ 25kcal

표 3-2 활동에 따른 열량 소비

활동의 종류	열량(kcal/시간)	활동의 종류	열량(kcal/시간)
잠자기	54.8	층계 오르기	948
앉아있기	85.8	수영	428.4
설거지	123.6	뛰기	488.4
보통 걷기	256.8	빨리 걷기	556.8
층계 내려가기	312	빨리 타이프 치기	120

2 비만도 측정법

비만도를 측정하는 방법으로 가장 일반적인 것은 체질량지수(BMI ; Body Mass Index)를 구하는 것이다. BMI는 정상 체중, 과체중, 비만, 고도비만을 구분하는 지표로 쓰인다. BMI는 체중(kg)/신장(m)의 제곱, 예를 들어 신장 168cm, 체중 70kg인 경우 BMI $= 70/(1.68)^2 = 24.8$이 된다.

체질량지수(BMI) = 체중(kg)/(신장m)^2

이때 BMI가 18.5 ~ 22.9이면, 정상 체중, 23 ~ 24.9이면 과체중, 25 ~ 29.9이면 비만, 30 이상이면 고도비만, 18.5이하일 때 저체중으로 분류한다.

표 3-3 BMI에 따른 비만도 구분

구분	체질량지수(BMI)
저체중	〈 18.5
정상체중	18.5 ~ 22.9
과체중	23.0 ~ 24.9
비만	25.0 ~ 29.9
고도비만	〉30

BMI는 근육량이나 체격을 고려하지 않고 있으므로 근육이 발달되었거나 체격이 큰 편에 속한다면 BMI 수치가 더 나가게 된다. 성장 중인 어린이나 연로한 노인에게도 해당되지 않는다. BMI 수치가 지나치게 낮은 경우에는 겨울철 추운 날씨에 대한 면역기능 감소, 탈모, 피부의 조기노화, 골다공증, 월경이상 등을 초래할 수 있다.

한편, 허리둘레는 복부 비만을 평가하는데 유용하다. 과거에는 복부 비만을 허리-엉덩이 둘레비(waist-hip ratio ; WHR)를 이용하여 평가하였으나 최근에는 복부 내장 지방량을 더 잘 반영한다고 하여 허리둘레만 측정한다.

허리둘레는 선 자세에서 늑골의 최하위와 골반뼈 최상위의 중간지점에 줄자를 대고 바닥과 수평으로 측정한다. 키를 고려하지 않고 허리둘레가 남자 90cm(35인치), 여자 80cm(31인치) 이상이면 복부 비만으로 간주한다.

이외에 피부 두께를 측정하면 지방이 분포한 위치를 파악하는데 도움이 된다. 신체 지방의 절반가량이 피부 하부에 위치하고 있으므로 피하지방의 두께는 신체 총 지방량을 반영한다. 복부 근처의 중심부를 측정하는 것이 팔이나 등의 상체에서 측정하는 것보다 지방량의 변화를 더 잘 반영한다.

자신의 비만도 측정

비만도 측정을 통해 자신의 건강상태에 대해 생각해 보는 시간을 가져 보기로 하자. 건강은 그냥 얻어지는 것이 아니며, 건강을 유지하기 위해서는 평소에 많은 노력을 기울이는 것이 매우 중요하다.

측정 방법

1. 자를 준비하여 자신의 체중(kg)과 신장(cm)에 해당하는 부분에 연필로 선을 긋는다.
2. 그은 선이 중앙에 있는 비만 정도를 나타내는 체질량지수(BMI)의 어느 부분을 지나가는가 알아본다. 바람직한 정도를 벗어나 낮음, 중간 정도에서 위험한 정도로 갈수록 비만이 심한 상태를 의미한다.

BMI(Body Mass Index)는 체질량지수로, 비만을 판단하는 근거가 된다.

$$BMI = \frac{\text{체중(kg)}}{[\text{신장(m)}]^2}$$

[토의]

1. 밑의 결과를 바탕으로 자신의 비만상태를 파악해보자.
2. 비만일 경우 자신의 비만을 해결할 수 있는 방법에 대해 생각해 보자.

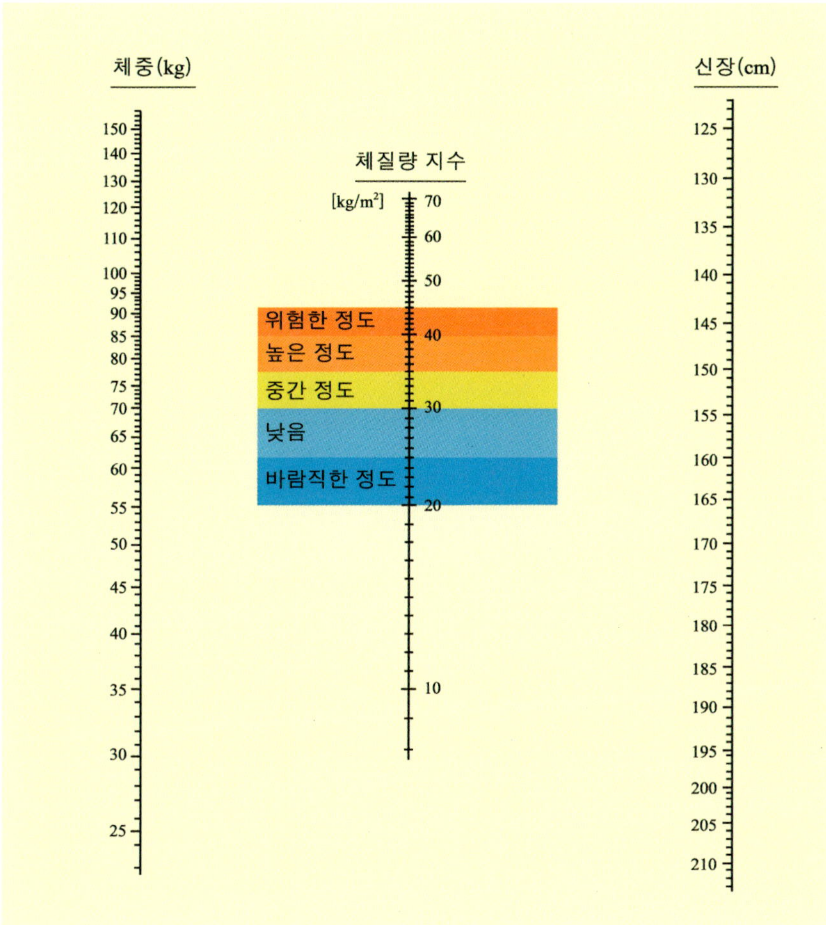

그림 3-1 비만측정표

3 비만의 원인

비만의 가장 큰 원인은 소모하는 에너지의 양보다 섭취하는 에너지의 양이 많기 때문이다. 에너지의 소모는 운동에 의한 것이 크다. 따라서 과식과 운동 부족은 비만의 주된 원인이다. 이외에 심한 스트레스, 부모로부터의 유전 등도 비만의 원인으로 작용한다.

1) 과식

과식이란 자신이 소모하는 에너지의 양보다 섭취하는 에너지의 양이 많은 것을 말한다. 이렇게 과잉 섭취된 에너지는 결국 지방이 되고, 몸에 축적되어 비만의 한 원인으로 작용한다. 지방은 육류와 기름기의 섭취에 의해서 쌓일 수도 있지만 흰밥과 같은 탄수화물의 섭취를 많이 하면 체내에서 지방으로 변해 비만이 된다. 또 한 가지 중요한 것은 우리 몸에 필수적으로 필요한 지방은 꼭 섭취를 해야 한다는 것이다. 이것은 지방이 축적되지 않고 세포 속에서 적절히 대사되어 에너지를 내는데 쓰이는 인자이기 때문이다.

2) 운동 부족

'적게 먹고 많이 움직인다.' 이것은 체중 감량의 기본이다. 운동을 통해 에너지의 소비작용이 활발해지면 포도당이 에너지로 쓰이게 된다. 그러나 운동이 부족하면 지방세포는 점점 커지게 된다. 운동을 하면 전체적으로 신진대사가 활발해진다. 운동에 의해 분비되는 호르몬 중 카테콜아민(catecholamine)은 지방을 분해하는 작용을 한다. 또한 몸 안에 축적된 노폐물까지 땀과 함께 배출되므로 결과적으로 고지혈증이나 고혈압 등의 성인병을 예방해준다. 운동을 통해 땀을 흘리게 되면 체내의 유해물질이 체외로 배출되므로 피부 생리에 적합한 내적 환경을 유지할 수 있다. 또한 지방이 연소되어 열량으로 소모되므로 군살이 없어지고 피부의 탄력성이 높아진다. 또한 지방이 연소되어 열량으로 소모되므로 군살이 없어지고 피부의 탄력성이 높아진다.

3) 스트레스

강한 스트레스가 계속 쌓이면 식욕이 없는 경우가 있고, 이와는 반대로 이것저것 닥치는 대로 먹어대는 사람이 있다. 식욕이 없어지는 것도 결과적으로 보면 몸 안에 군살을 붙게 만드는 한 요인이 된다. 왜냐하면 식사를 거른 후 먹게 되는 음식물은 몸 안에서 거의 대부분 흡수되도, 필요한 열량 이외에는 지방으로 저축시켜 놓기 때문이다. 기분이 좋지 않을 때 초콜릿이나 사탕을 먹으면 한결 마음이 안정되는 것을 느낄 수 있다. 당분을 섭취하면 세로토닌(serotonin)이라는 호르몬이 분비되는데 , 이는 정서를 안정시키는 역할을 하기 때문이다. 하지만 스트레스를 받을 때마다 고칼로리 식품을 먹으면 어떻게 될까? 당연히 비만의 원인이 되는 것이다.

4) 유전

부모가 모두 살이 쪘다면 그 자식도 뚱뚱해질 가능성이 높다. 유전에 의해 살이 찐 사람들은 선천적으로 기초대사량이 낮은 것이 특징이다. '살찌는 체질'이니 '살찌지 않는 체질'이니 하는 것은 이 기초대사량과 관계가 깊다. '살찌지 않는 사람'은 먹은 것을 곧바로 에너지로 바꾸어 주므로 지방이 몸 안에 축적되지 않으며, '살찌는 체질의 사람'은 먹은 후에 에너지를 만드는 힘도 소비하는 힘도 약해 살이 찌게 되는 것이다. 비만이 유전에 의한 것이라면 살 빼는 것이 보통 사람보다 더 어렵다. 따라서 보다 장기적인 다이어트 계획을 세워야 한다.

5) 기타

어렸을 때 생긴 지방세포는 어른이 되어도 숫자가 늘거나 줄어들지 않는다. 아이가 살이 찐 경우에는 대부분 지방세포의 수가 정상적인 아이보다 많은 경우이다. 어렸을 때 지방세포의 숫자가 많아진 소아 비만의 상태로 계속 자라게 되면, 성인 되어서는 지방세포 주머니가 커져 비만이 계속 축적되는 병적 비만의 상태에 이르게 된다. 또 여성들이 많이 복용하는 경구 피임약과 불안한 마음을 완화시키기 위한 신경안정제, 스테로이드 호르몬도 비만을 일으키는 요인으로 작용한다. 피임약은 인공적으로 월경이 나오는 신체 대사를 조절해 임신을 막는 약이므로, 호르몬의 균형이 깨져 몸 안의 수분을 늘리고 식욕을 돋구어주며 살이 찌도록 한다. 신경 안정제는 식욕을 조절하는 신경기능을 혼란시키는 항히스타민 성분이 포함되어 있어 비만을 일으키고, 스테로이드 호르몬 주사를 장기간 맞게 되면 얼굴이 둥글어지고 가슴이 벌어지는 등 체중이 증가하기 쉽다.

4 비만의 증상

비만은 그 자체가 성인병(중년 이후에 발병하는 병의 총칭. 예 : 동맥경화, 고혈압, 당뇨, 백내장, 협심증, 심근경색 등)일 뿐만 아니라 다른 성인병을 유발하는 주요 원인 중의 하나라고 할 수 있다. 비만의 주요 증상으로는 다음과 같은 것을 들 수 있다.

1) 피로하다.

살이 찌면서 만성 피로감을 호소하는 사람들이 많다. 비만이 되며 모세혈관의 혈액순환에 장애가 생기기 때문에 피로물질이 축적되기 쉽고, 비만과 동반된 지방간이나 간 기능 장애들이 피로의 원인으로 작용하기도 한다. 또 살이 찌면 이전보다 혈액의 요구량이 많아져 심장에서 더욱더 많은 양의 혈액을 조직으로 보내야만 하는 부담이 생긴다. 그러다가 심장이 지치고 기능이 떨어지면 몸이 붓다가 피로해지는 증상으로 나타나는 것이다. 비만이면서 피곤하다면 다른 원인도 생각해보아야 하지만 비만 자체도 피로의 원인으로 작용할 수 있다.

2) 몸이 붓는다.

어떤 사람은 물만 먹어도 살이 찐다고 호소한다. 이는 엄격하게 말하면 살이 찌는 것이 아니라 붓는 것이다. 흔히 물살이 쪘다는 것이 많은 경우에 세포가 과다하게 수분을 보유하고 있기 때문인 경우가 많다. 세포가 이렇게 되는 원인으로는 여러 가지가 있지만, 가장 중요한 원인을 영양상태의 불균형을 들 수 있다. 영양소의 불균형 중에서도 단백질이 모자라면 부종이 생기고, 세포에 수분이 많이 함유하게 되어 살이 찐 것처럼 보이게 된다. 가벼운 단백질의 불균형이 장기간에 걸쳐 진행되면 별로 눈에 띄지 않게 부정이 진행되어 살이 찐 것처럼 된다. 살을 빼려고 지방을 너무 적게 먹는 것도 부종(몸이 퉁퉁 부어오르는 병)의 원인이 될 수 있다. 단백질과 필수 지방산의 섭취를 늘려주면 몸무게도 감소되고 부종도 개선시킬 수 있다. 비만 환자가 몸이 붓는 원인은 신장 기능의 이상이라기보다는 불규칙한 식사나 무분별한 다이어트로 인한 경우가 더 많다.

식이요법 후 갑자기 탄수화물의 섭취가 늘어나면 수분의 재흡수가 일어나 체중이 크게 불어나게 된다. 식사를 하지 않은 상태에서 탄수화물의 섭취 감소로 인하여 상대적 탈수현상이 있다가 폭식을 하면 수분이 재흡수가 늘어나 부종현상이 생기게 되는 것이다. 만일 이미 부종의 증세를 보인다면 서서히 탄수화물의 섭취를 늘리는 것이 좋다. 또한, 짠 음식, 찌개, 국 등도 염분이 높아 붓게 만든다.

3) 숨이 차다.

뚱뚱해지면 조금만 걸어도 숨이 차게 되므로 폐에 부담을 느끼기 마련이다. 그러다 보니 운동을 더욱더 싫어하게 되고 자연히 체력이 저하된다. 가슴이 두근거리고 땀이 심하게 나며 숨을 헐떡거리게 되는데 이러한 경우에는 특히 조심하여야 한다. 갑자기 숨이 차거나 휴식을 취할 때에도 숨차는 현상이 계속 이어지면 심장과 폐에 대한 정밀 검사를 받을 필요성이 있다.

4) 소화가 안 되고 배에 가스가 찬다.

장에 지방이 축적되면 장의 운동이 감소되어 소화능력이 떨어지게 된다. 특히 복강 내 지방은 소화능력 외에도 고혈압이나 당뇨병, 고지혈증 등과 많은 연관을 갖고 있으므로 복강 내 지방을 감소시키는 것이 무엇보다 중요하다.

5) 가슴이 두근거린다.

비만이면서 가슴이 두근거리는 증상이 있는 경우, 대부분은 스트레스성 비만이다. 이는 비만에 의한 증상이라기보다는 비만을 만들 수 있는 요인으로 작용한다. 마음이 불안하고 무언가 쫓기는 것 같은 느낌은 폭식을 자제할 수 없게 만들고 스트레스를 받으면 먹는 것으로 해결하려고 하는 현상이 자신을 뚱뚱보로 만드는 것이다. 그러므로 만일 이러한 증상이 있다면 스트레스의 요인을 찾아 해결해야 한다.

6) 머리가 자주 아프다.

비만일 때 흔히 편두통에 호소하는 사람이 많다. 눈이 침침하여 잘 보이지 않다가 머리가 깨질듯이 아픈 증상을 동반한다. 이렇게 아플 때는 아무것도 먹지 못하다가 다시 먹게 되면 폭식형 체중증가는 당연한 결과이다. 이러한 경우는 대부분 실제적으로 비만은 아니지만 체중의 변화가 심하고 체중이 증가하면 또다시 극단적인 다이어트를 하게 된다. 이러한 반복적인 다이어트는 아이러니하게도 도리어 비만을 만들어 버린다. 또한 드물지만 비만에 의한 고혈압으로 뇌압항진(뇌압박증이라고도 함. 뇌압박으로 일어나는 뇌의 기능장애로 두통, 구토, 현기증 등 유발)이나 근육에 의한 두통도 나타날 수 있다.

7) 몸이 자주 아프다.

뚱뚱한 사람들이 자주 아픈 것은 몸이 둔해져 점점 움직이지 않기 때문으로 조금만 일을 해도 놀란 근육이 수축되어 통증이 오는 경우가 대부분이다. 한방에서는 이러한 것을 "담에 걸렸다."라고도 한다. 목이 자주 뻐근하고 어깨 주위가 아프고 손발이 저리는 증상이 이러한 원인으로 나타난다. 이럴 경우 규칙적인 운동을 하고, 특히 스트레칭 체조를 꾸준히 하는 것이 좋다.

8) 허리가 아프다.

무릎이나 발목이 자주 아프다. 체중이 지나치게 많게 되면 허리나 관절에 중력을 가해 심한 부담을 주어 정상인보다 빨리 퇴행성(오래 쓰지 않아 기능이 쇠퇴하는) 관절염에 걸리게 된다.

5 비만 타입에 따른 다이어트법

일반적으로 사람들은 다이어트란 살을 빼기 위해 밥을 굶는 것으로 알고 있다. 다이어트란 무작정 밥을 굶는다고 되는 것이 아니다. 다이어트는 우리 몸이 가지고 있는 본래의 정상 상태를 회복함으로써 적정 체중을 유지하는 것이다. 진정한 의미의 다이어트란 건강을 유지하면서 과체중인 사람은 정상 체중으로 살을 빼고, 체중 미달인 사람은 적정 체중을 유지할 수 있도록 하는 것이다. 따라서 효과적인 다이어트를 하기 위해서는 우선 자신의 비만 타입을 알고 적절한 다이어트 방법을 찾는 것이 중요하다.

1) 물살 타입의 다이어트법

근육이 적고 살이 물렁물렁한 물살은 수분을 많이 섭취하지만 배설하는 양이 적어 체수분이 많이 쌓여 있는 체질이다. 패스트푸드·가공식품·스낵류는 피하고, 맵고 짜게 먹는 경향이 많으므로 양념을 적게 넣어 싱겁게 먹는 습관을 들이는 것이 좋다. 근육이 없기 때문에 심한 운동보다 강도가 낮은 운동부터 시작하는 것이 좋다. 물살 타입은 몸의 신진대사가 나빠 몸 안에 불필요한 수분이 쌓여 뚱뚱해지므로 심장과 방광기능을 강화하는 팥, 검은 콩, 미역, 마른 표고버섯, 수박, 오이, 토마토, 옥수수 등을 많이 섭취하는 것이 좋다.

천천히 걷거나 달리기, 가벼운 산책, 하이킹, 스키 등이 물살 타입에 맞는 운동이다. 물살 타입은 어떤 운동을 하더라도 땀이 날 때까지 계속하는 것이 중요하다. 자기 전에 부기를 없애주는 마사지를 하고 사우나를 자주 하는 것이 좋다.

2) 지방살 타입의 다이어트법

스스로 느끼지 못하는 사이에 지방이 조금씩 축적되어 있는 상태이다. 평소에 빵, 초콜릿, 과자 같은 것을 많이 먹는 사람에게 많다. 이런 지방살 체질은 운동으로 근육을 키워 살을 쉽게 빠지는 몸으로 만드는 것이 기본 원리이다. 지방살인 경우 살이 빠지는 속도는 느리지만 꾸준히 노력하다보면 효과를 가장 크게 볼 수 있는 타입이기도 하다.

식물성 단백질 위주의 식단을 중심으로 근육의 재료가 되는 단백질이 많이 함유된 어류나 두부 등 콩 제품을 많이 섭취하도록 한다. 육류는 삶아서 기름기가 적은 부위를 골라 먹고 샤워 등으로 기분 전환을 하도록 한다.

지방살은 대개 혈액 속에 지방이 쌓여 피의 흐름이 안 좋고 내장기능이 떨어져 살이 찌는 것이므로 두부, 간, 밤, 연근, 당근, 대두, 부추, 마른 표고버섯 등 혈액 순환을 돕는 식품을 많이 섭취하도록 한다. 지방살 타입은 강도 낮은 운동으로 지방을 꾸준히 연소시키는 것이 관건이다. 지방살은 근육을 키워 쉽게 빠지는 몸으로 만드는 것이 중요하므로 빨리 달리거나 격한 에어로빅은 그다지 도움이 되지 않는다.

쉽게 피곤해지는 체질이므로 낮은 강도로 오랜 시간을 꾸준히 날마다 하는 것이 중요하다.

3) 근육질 타입의 다이어트법

근육이 살로 변한 타입이다. 근육이 많고 또 기본적인 체력이 있어 다른 체질보다 감량속도가 빠른 편이다. 식사는 단백질 섭취를 줄이고 밥, 빵, 국수 등 탄수화물을 보다 많이 섭취하는 것이 좋다. 살을 빨리 빼기 위해 굶다 보면 에너지 부족으로 장기간 운동을 할 수 없다. 근육질 타입은 근육 속에 들어 있는 지방을 태우는 것이 중요하다. 근육을 만들고 지방은 태우는 단백질, 탄수화물, 비타민을 많이 섭취하도록 한다. 이 세 가지 영양소는 상호 작용을 하므로 균형 있게 섭취해야만 살이 빠진다.

기본적인 체력이 있는 근육질 타입은 지방을 태우면서 근육을 유지할 수 있는 유산소운동이 필수적이다. 다른 타입에 비해 강도는 약간 높지만 시간을 짧게 하는 것이 좋다. 러닝머신에서 빨리 걷거나 가벼운 조깅 등이 적당하다. 장시간 달리거나 자전거를 타면 근육이 체중에 압박되므로 피하는 것이 좋다.

6

셀룰라이트

모든 여성들의 최대 고민 부위인 복부, 허벅지, 엉덩이 등은 아무리 애를 쓰며 다이어트를 해도 좀처럼 빠지지 않는다. 이러한 이유는 바로 셀룰라이트(cellulite) 때문이다. 비만은 단순 지방의 축적현상이지만 셀룰라이트는 지방, 체액, 노폐물이 혼합된 특수한 형태로 몸의 대사과정에서 제대로 빠져 나가지 못해 지방세포 주변에 뭉쳐져 생성되는 것이다. 셀룰라이트는 피부의 피하조직 내에 지방이 과다하게 축적되면서 진피층까지 밀고 올라와 피부가 울퉁불퉁 귤껍질처럼 거칠게 되는데 특히 한 번 생기면 좀처럼 쉽게 없어지지 않는다. 셀룰라이트는 과도하게 축적된 지방조직으로 신체가 사용하는 것보다 더 많은 양을 저장할 때 결과적으로 과잉 축적된 지방세포가 된다. 지방세포들의 덩어리를 감싸고 있는 연결조직은 점차적으로 단단하게 되고, 이것은 특정한 부위에 압박을 야기 시켜 "오렌지 스킨(orange skin)"이라는 특징적인 외관을 보이게 된다. 비만, 정상, 마른 사람에 이르기까지 모든 체형에서 나타나며 주로 여성의 허벅지, 엉덩이, 무릎 주위, 팔, 배 부위에서 쉽게 볼 수 있다. 원인으로는 몸에 너무 꽉

끼는 옷이나 높은 굽의 구두를 신을 때, 즉 혈액 및 림프의 순환이 원활하지 못할 때 발생하기 쉽다. 또 여성 호르몬의 불균형으로 인한 혈액순환계의 압박, 체액의 정체로 인해 발생하기도 하여 여성 호르몬의 변동이 일어나는 임신, 사춘기, 폐경기, 피임약 복용 중에 특히 잘 생긴다. 피하 지방층의 구조로 인해 생기는 경우도 있다. 이는 남성의 섬유조직이 수평형의 그물 모양으로 치밀한 반면, 여성의 섬유 조직은 수직형으로 치밀하지 못해 지방층을 잘 누르지 못할 뿐만 아니라, 피하지방층이 두껍고 벌집 모양으로 되어 있다. 따라서 지방조직 속에서 수분과 노폐물, 지방이 혼합되어 부풀게 되면 엉성한 섬유조직으로 진피의 결합조직을 밀고 올라와 살갗이 울퉁불퉁하게 되는 것이다. 또 오래 앉아서 생활하는 경우 동물성 지방의 과잉 섭취, 지나친 당분 섭취, 운동부족 등으로 인한 소화불량, 변비, 혈액순환장애 등이 일어나 정상적인 노폐물 배출이 이루어지지 않고 체내에 쌓여 결합조직 내에 정체되어 셀룰라이트가 형성된다.

표 3-4 셀룰라이트와 비만의 차이

구분	셀룰라이트	비만
주된 원인	여성호르몬, 혈액순환과 신진대사 상의 문제	과식과 운동 부족
발생 시기	사춘기, 피임약 복용시기, 임신기, 폐경기	언제든지 발생
발생 부위	허리, 엉덩이, 허벅지, 팔 윗부분 등 특정 부위	신체 전반
피부 상태	오렌지 껍질 같이 피부 표면이 울퉁불퉁한 모양	피부가 번들거림
다이어트	효과가 별로 없음	효과 있음

7

다이어트의 문제점

다이어트를 잘못하게 되었을 때 영양실조로 건강을 해쳐 몸의 상태가 허약하게 되고 피부결과 머릿결이 나빠지는 경우를 흔히 볼 수 있다. 또한 어렵게 살을 뺐음에도 불구하고 얼마 지나지 않아서 다시 원래의 상태로 되돌아가기도 한다. 심지어는 다이어트 후에 살이 더 찌고 피부나 머릿결이 더욱 나빠지기도 한다. 왜 이런 현상이 생기는 것일까? 그것은 자신의 체질을 고려하지 않고 다이어트를 했기 때문이다. 무분별하게 밥을 굶거나 자신의 체질을 고려하지 않은 다이어트법은 우리 몸의 내분비선이 혼란을 일으켜 건강을 해치게 된다. 특히 이뇨제 다이어트는 단백질 배설이 촉진되어 부종은 더욱 심화되고, 다이어트를 아무리 해도 살이 빠지지 않게 된다.

이뇨제 다이어트란 세포가 품고 있는 수분, 즉 세포 내액을 짜내는 방법으로 일시적으로 살이 빠진 것처럼 보이게 할 수 있지만, 다이어트가 끝나면 다시 수분 축적이 되어서 원래의 상태로 체중이 증가한다. 살을 빼려고 지방을 너무 적게 먹는 것도 부종의 원인이 될 수 있다. 단백질과 필수 지방산의 섭취를 늘려주면 몸무게도 감소되고 부종도 개선시킬 수 있다.

자신의 체질에 맞지 않은 다이어트를 계속할 경우 지방세포는 살아남기 위해서 지방의 저장 능력을 극대화시키게 되는데, 이로 인해 대부분 다이어트가 끝나고 정상 식사를 할 때는 더욱 지방 저장을 많이 하게 되어 살이 찌게 된다. 즉, 굶는 다이어트나 수분을 빼내는 다이어트 후에 지방세포는 원상태로 돌아가고자 하는 강한 복원력을 가지게 되고, 결과적으로 다이어트를 하기 전보다 더욱 체중이 증가한다.

8 다이어트에 필요한 영양소

살이 찌는 이유는 우리 몸의 세포가 잘못되었기 때문이다. 세포가 잘못되는 것은 영양소의 불균형, 스트레스 등으로 나타난다. 그러므로 다이어트를 할 때는 관련이 있는 영양소를 전체적으로 균형있게 조절하여야 실패하지 않고 다시 살이 찌지 않는다. 다이어트를 하면서 꼭 섭취해야 할 영양소를 살펴보자면 우선 아미노산을 적절하게 섭취하여야 한다. 아미노산은 우리가 외부로부터 음식물을 통해 반드시 섭취해야 할 필수 아미노산과 우리 몸에서 만들어지는 비필수 아미노산이 있다. 대개는 비필수 아미노산이 우리 몸에서 충분히 만들어지지 않아 질병이 발생하고, 또 비만이 되기도 한다. 이와 같이 건강에 영향을 미치는 영양소를 특별히 "조영양소(accessory nutrient)" 라고 부르고 있다. 페닐알라닌을 비롯하여 카르니틴, 타우린과 같은 특수한 아미노산들이 여기에 해당된다. 페닐알라닌은 식욕을 억제하므로 다이어트에 도움이 된다. 또, 과식하는 습관을 변화시켜 준다. 페닐알라닌이 함유된 식품은 쇠고기, 닭고기, 생선, 달걀, 완두콩, 치즈, 우유, 땅콩, 아몬드 등이다. 카르니틴은 비필수 아미노산의 일종으로 인체 대사과정에서 지방산을 세포의 소기관인 미토콘드리아로 옮기는데 필요한 아미노산이다. 세포 내외 카르니틴 농도가 낮으면 지방산은 완전히 대사되지 못하고 세포나 그 주위에 축적되어 결국 혈중 지질이나 지방의 농도를 증가시킨다. 타우린은 인슐린 작용을 증가시킴으로써 당대사를 촉진하여 지방 축적을 억제한다. 또 타우린은 칼륨과 칼슘의 감소를 예방하여 세포의 활성을 강화한다.

다이어트를 한다는 것은 우리 몸을 비상사태로 만드는 것이다. 이런 비상사태에서는 우리 몸이 제대로 기능을 하지 못하기 때문에 비필수 아미노산도 마치 필수 아미노산처럼 섭취해야 하는 경우가 생긴다. 효과적인 다이어트를 위해 이점을 간과해서는 안된다. 다이어트의 진정한 의미는 세포를 정상화시키는 것이므로 세포 활성화 성분도 중요하다. 세포가 활성화되기 위해서는 세포를 공격하는 인자를 차단하는 항산화제가 중요하다. 널리 알려진 베타-카로틴, 비타민 C, 비타민 E와 셀레늄 이외에도 바이오 플라보노이드의 섭취가 필요하다. 마지막으로 지방 분해인자로는 레시틴(lecithin), 이노시톨(insoitol), 콜린(choline) 등이 있다. 이들은 지방 분해에 직간접적으로 관련이 있기 때문에 특별히 "지방분해 인자"라고 부르고 있다.

다이어트를 위하여 섬유질은 반드시 필요하다. 섬유질은 포만감을 주고 식욕중추를 안정화시켜 인체의 생리 조절작용을 한다. 섬유질은 야채나 과일, 곡류에 풍부하게 들어 있는 성분으로 체내에 소화, 흡수되지 않아 에너지원으로 활용되지 않는다. 흰 쌀, 흰 밀가루 등 가공된 음식물을 많이 먹는 현대인들은 섬유질의 섭취가 현저히 부족한 경우가 많으므로 섬유질의 섭취에 각별히 유의하여야 한다. 칼슘이 부족하면 신진대사가 떨어져서 칼로리 소모가 줄기 때문에 칼슘이 풍부한 저지방 치즈나 저지방 우유를 같이 섭취하도록 한다.

4

CHAPTER

몸과 마음의 건강

우리의 몸과 마음은 매우 밀접한 관계가 있다. 몸과 마음의 관계를 나타내는 예로서 "병은 마음에서"라는 말도 있고, "일소일소, 일로일로(一笑一少, 一怒一老)"라는 말도 있다. 또 기분이 가라앉아 울적해져 있으면 감기에 쉽게 걸리거나, 병이 발견되면 낙심하여 우울한 기분이 되어 버리기도 하는 것이 바로 그것이다. 세상에 걱정이 없는 사람은 없겠지만, 걱정이 생겼을 때, 여유 있게 하룻밤 자면 괜찮다고 하는 사람도 있고, 아무리해도 신경질적으로 스트레스로 작용하지는 않으며 같은 사람에게도 똑같은 상황이 경우나 마음먹기에 다라 달라질 수 있다. 그러므로 마음을 다스려 자율신경의 밸런스를 조절하고 자연치유력을 높여 몸과 마음을 함께 건강한 상태로 유지하려는 노력이 필요하다.

1 스트레스의 영향

사람이 살아가는 데 있어 스트레스는 필요악과 같다. 인생이란 거친 바다를 항해하는 배와 같은 것으로 삶은 스트레스 그 자체이다.

스트레스는 라틴어 'stringer(팽팽하게 죄다)'에서 유래되었다. 즉, 스트레스는 자신의 능력에 비해 요구가 지나치게 많을 때 일어나는 것이다. 그러나 우리가 인생을 살아가면서 스트레스 없이는 살아갈 수는 없는데, 이런 스트레스를 항상 긍정적으로 받아들이고 자신의 발전을 위한 밑거름으로 생각한다면, 질병을 주는 것이 아니라 인생을 즐겁게 해줄 수 있을 것이다. 이런 스트레스는 자신의 발전에 "좋은 스트레스"이며, 영어로 "유스트레스(eustress)"라 부른다.

반면, 같은 스트레스라도 부정적으로 받아들인다면 요구의 수용이 몹시 힘들어질 것이다. 이렇게 되면 면역기능이 급격히 떨어져 질병에 걸릴 확률도 높아진다. 따라서 이런 스트레스는 "병적인 스트레스"이며, 영어로는 "디스트레스(distress)"라 부른다. 이처럼 스트레스는 사람에 따라 받아들이는 것이 크게 다를 수 있다. 그러나 이들 스트레스는 모두

지나칠 경우, 즉 과도해질 경우에는 건강을 해치게 한다. 지나친 조급증(hurry)과 근심 걱정(worry), 그리고 화(angry)를 쉽게 풀지 못하게 되면 위장병이나 소화불량이 나타나고 몸살이나 감기에 잘 걸리며, 피부가 거칠어지게 된다. 이런 일차적인 스트레스에 이어 불면증, 고혈압, 두통도 따라 온다. 심한 경우 심장병, 암 등 치명적인 질병을 일으키기도 한다. 우리 몸에서 발생하는 질병의 80% 정도가 스트레스에 기인할 정도로 '스트레스는 만병의 근원'이라 말하는 이유가 바로 여기에 있다. 같은 정도의 스트레스라도 어떤 사람에게는 좋은 스트레스가 되고, 다른 사람에 있어서는 병적인 스트레스가 되기도 한다. 즉, 그 사람이 어떻게 스트레스를 받아 들이는가 또한 그 사람 자신이 처한 입장이나 환경 조건 등에 따라 달라진다. 스트레스에 의해 생기는 주요 질병으로는 다음과 같은 것이 있다.

1) 심장병

스트레스는 관상동맥 질환(동맥혈관이 막히는 질환으로 돌연사의 원인이 됨)이나 심장발작의 요인이 된다. 특히 성취욕이 강하고, 모든 일에서 우월하려는 욕구가 생활 전반에 나타나며, 쉬지 않고 일하는 사람은 심장병 발생이 정상인에 비해 훨씬 높다.

2) 비만

스트레스를 받으면 대부분 과식을 하거나, 불규칙한 식사를 한다. 불균형적이고 과다한 음식의 섭취는 운동 부족보다 비만을 일으키는 요인이다.

3) 당뇨

스트레스를 받으면 간에 글리코겐(glycogen, 간에 저장되는 탄수화물)으로 저장되어 있는 당분이 제거되지 않는다. 운동을 통해 글리코겐을 당분으로 분해시켜 제거하지 않으면 그대로 간에 남아 있게 되며, 그 결과 여분의 당분이 저장되지 못하고 그대로 오줌을 통해 배출된다.

4) 피부 질환

피부 질환의 약 40%는 스트레스와 관련이 있다. 따라서 피부를 아름답게 가꾸기 위해서는 스트레스를 받지 않도록 하는 것이 중요하다.

5) 위·십이지장 궤양

과도한 불안이나 스트레스는 위산의 분비를 높이며, 심할 경우 궤양을 초래할 수 있다. 또 궤양을 가진 사람은 스트레스에 더욱 민감해진다.

또 스트레스는 자율신경계와 호르몬계를 혼란시킨다. 이로 인해 우리 몸의 비타민과 무기질 등 생리기능을 정상화시키기 위한 비타민과 무기질을 다량으로 필요로 하게 되는데, 이때 적절한 영양섭취가 이루어지지 못하게 되면 결정적인 장애가 생긴다. 그 장애 중에서 가장 많이 겉으로 드러나는 것이 알러지이다. 즉, 알러지는 스트레스를 받을 때 특히 잘 생기는데 우유, 생선 등에 포함된 단백질의 소화능력이 저하되어 이들이 알러지 항원으로 변한 것이다.

단백질에는 질소가 포함되어 있어 신진대사 과정에서 상당한 독성을 가지는 질소 화합물을 남기게 되는데, 이런 질소화합물을 제거하는 부담은 간이 맡게 된다. 이 때문에 알러지와 자가면역질환에 걸릴 위험이 높아진다.

건강한 생활

운동과 건강

- 규칙적인 운동은 건강한 신체와 정신을 만들고, 운동의 즐거움을 준다.
- 정기적인 운동은 노폐물을 몸 밖으로 배출하여 혈액 순환을 돕고, 운동을 더욱 효과적으로 할 수 있게 한다.
- 정기적인 운동과 적절한 식사의 조화는 체중을 조절한다.

식품과 건강

- 균형 있는 영양 섭취는 신체를 발달시켜 건강을 유지시킨다.
- 균형 잡힌 식사를 위해 식품 구성탑의 5가지 식품군을 이용하여 다양한 식품을 섭취하도록 한다.
- 잘못된 식생활 습관은 여러 가지 질병의 원인이 될 수 있으며, 특히 발육이 왕성한 청소년기에 더 큰 영향을 미친다.
- 식품의 품질, 보존성, 기능성 등을 향상시키기 위해 식품 첨가물과 유전자 재조합 기술이 이용된다.

질병과 건강

- 건강하던 사람이 부상에 의한 골절이나 상처가 아니면서 신체의 정상적인 기능에 이상이 생기는 변화를 질병이라고 한다.
- 환경 오염과 열악한 환경에 노출된 직업에의 종사, 그리고 성 개방은 여러가지 질병의 원인이 된다.
- 흡연, 알코올, 항생제의 오·남용은 인간에게 여러 가지 질병을 일으킨다.
- 현대 의학의 발달은 사람의 수명 연장과 건강 유지에 많은 기여를 한다.

그림 4-1 건강한 생활을 위한 요인

2

명상

명상(瞑想, meditation)의 사전적 의미를 보면 마음을 자연스럽게 내면으로 몰입시켜 자아를 확립하거나 종교 수행을 위한 정신 집중을 널리 일컫는 말이다. 오랫동안 여러 문화권에서 다양한 방법으로 행해져 왔으며, 기독교의 묵상(黙想)이나 기도, 불교의 참선(參禪)이나 염불(念佛), 요가 외에도 경전(經典) 암송이나 집단의식 등이 모두 여기에 해당된다.

"맑은 정신에 건강한 육체가 깃든다."는 말과 같이, 명상은 차분히 마음을 가라앉혀 맑은 정신과 건강한 몸을 지켜주는 대체요법의 하나이다. 명상을 하는 이유는 무심이 되기 위함이다. 그러나 무심 상태를 유지하는 것은 쉽지 않기 때문에 초보자들은 주로 한 가지에 집중하는 명상을 많이 한다.

명상이 주목받는 가장 큰 이유는 종교적인 수행의 차원이 아니더라도 만병의 근원인 스트레스 해소에 효과적이라는 사실이 과학적으로 입증되었기 때문이다. 명상을 하면 뇌파가 의식이 깨어 있는 베타파에서 가 수면 상태의 알파파로 안정이 되면서 자율신경계의 조화가 이루어지고 긴장된 근육이 이완되는 효과와 함께 면역력이 강해진다.

이미 다양한 연구에서 명상이 뇌의 이완 상태를 유도한다는 것이 밝혀져 왔는데 명상을 하기 전과 한 후의 인체의 생리 변화는 뚜렷한 차이가 있다. 명상을 하고 난후에는 심장의 박동이 줄어들고, 몸의 산소, 소모량이 감소되었으며 뇌의 알파파는 증가한다. 이렇게 두 눈을 감고 생각을 하나로 모은 후 만들어내는 평화의 세계는 사람들의 의식세계를 확장시키고 영적인 성장을 도모하는 정신요법으로 단순히 스트레스를 푸는 정도가 아닌 안정된 자아(自我)를 실현할 수 있는 최선의 방법이라 할만하다.

초보자들이 쉽게 접근할 수 있는 명상법으로는 집중 명상이 있다. 이는 자신의 신체 일부나 특정한 한 가지 소리 등 온몸의 감각 중에서 한 가지 감각만 열어 놓고 접종해 나가는 것이다. 자신의 숨소리나 코로 들이쉰 공기의 이동경로 등에 집중하는 것도 좋은 방법이다.

집중 명상법은 낱말, 심상, 소리 등을 이용한 것이다. 우선 어떤 낱말을 계속 반복해서 집중한다. 이것은 혼자서 마음에 주문을 거는 것으로 작은 소리를 내면서 집중해도 된다. 이때 자신에게 개인적으로 강한 의미를 갖는 단어나 구절을 선택한다. 그래야 긍정적으로 부가적인 효과를 줄 수 있다. 예를 들어 사랑, 행복 등의 낱말에다 "다, 잘 될거야", "난 모든 것을 할 수 있다"등의 구절을 반복함으로써 스스로에게 긍정적인 마음가짐을 심어주는 것이 유용하다.

어떤 사물이나 심상은 자기만이 깨달음을 날카롭게 해주는 시각 자극을 제공하게 된다. 예를 들면 아름다운 돌, 보석, 촛불, 나무, 예쁜 그림과 같은 것들을 선택하거나 마음으로 떠올린다. 사물을 선택했을 경우는 직접 눈 앞 30 ~ 50cm 거리에 놓아두고 눈을 뜬 상태에서 깊게 호흡해 보는 것이 좋다. 마음에 사물이나 그림을 떠올렸다면 눈을 감고 편안해질 때까지 집중한다. 소리에 집중하는 명상법은 소리의 음색과 높낮이, 리듬에 집중함으로써 마치 음악을 듣는 듯 소리 속으로 깊이 빠져드는 방법이다.

또, 집중형 명상과는 정반대로 몸의 오감의 문을 열어놓고 아무런 생각을 하지 않은 무아지경 명상이 있다. 아무런 생각을 안 함으로써 마음이 비워지고 명상에 빠져드는 이 방법 안에는 마인드 컨트롤, 요가, 단전호흡 등이 포함되어 있다.

명상을 하기 위해서 옷은 가능한 편한 상태로 입는 것이 심신을 이완시키는 데 효과적이다. 또한, 집에서 명상을 할 경우에는 방해를 받지 않도록 전화벨이나 TV는 꺼놓는 것이 좋다. 매일 시간과 장소를 정해놓고 하면 명상 훈련에 도움이 된다. 이른 아침이나 취침 전이 명상을 하기에 가장 적합한 시간대이며, 특히 눈 뜨자마자 명상을 하면 맑은 정신으로 하루를 시작할 수 있다는 장점이 있다.

명상을 하는 시간은 보통 하루에 20 ~ 30분이면 충분하고, 매일 일정한 시간에 행하면 면역기능의 향상으로 질병의 예방에도 효과적이다.

명상의 자세는 가부좌(跏趺坐)나 반가부좌(半跏趺坐)로 앉거나, 무릎을 꿇거나, 의자를 등에 붙이고 앉는다. 허리는 반드시 곧게 펴야 하고, 손바닥은 위로 향하게 해 집게 손가락과 엄지손가락을 마주 댄다.

이제부터는 요가(yoga)에 대해 살펴보자. 요가는 고대 인도어로 '말에다 멍에를 매다.'라는 뜻을 지니고 있다. 요가라는 말이 명상을 의미하는 단어로 쓰이기 시작한 것은 기원전 500 ~ 300년경 이루어진 인도의 고대 문헌에서부터이다. 이 문헌에 따르면 마차를 인간의 육체에, 말을 인간의 마음에, 그리고 타고 있는 사람을 영혼에 비유하여, 말을 잘 통제하여 바른 길을 갈 수 있도록 하는 것이 요가라고 하였다. 말에다 멍에를 맨다는 것은 결합이나 완전함을 의미한다.

즉, 자연과 인간을 통일하여 진실한 자기를 찾고 완전한 자유를 얻는 것을 말한다. 요가는 정신 정화와 신체적 훈련을 통해서 인간이 본래 타고난 능력을 개발하고 우주의 현상을 파악하여 이에 순응하는 실천철학이다.

수행의 궁극적 목표는 정신적인 진정한 자아가 물질적인 이 세계와 육체에 구속되지 않는 영원한 자유를 얻는 것이다. 이 비유를 통해서 알 수 있듯이 요가라는 의미는 심신을 조절하여 진정한 자아(自我)를 자유롭게 한다는 뜻이다. 그러므로 고대 인도에서의 요가는 육체나 감각 기관을 억제하고 마음을 한곳에 집중하는 명상적인 수행을 의미한다고 볼 수 있다.

고대 인도 사람들은 일상적인 의식작용이 억제될 때 지혜가 나오고 진정한 자아가 자유롭다고 본 것이다. 따라서 요가는 "마음의 작용을 억제하는 것"이라 정의할 수 있다.

현대를 사는 우리는 스트레스, 비만, 당뇨, 고혈압, 천식, 두통, 소화불량 등에 시달리고 있다. 고도의 산업화는 우리의 삶을 윤택하게 해준 반면 환경오염이나 가공된 식품이 우리의 면역체계를 손상시키고 정신을 황폐화시키고 있다. 요가는 이러한 현대병을 치유하고 인간의 본성 회복을 위한 대체요법의 하나로 몸을 움직여 정신을 조절하는 수행과정 혹은 자신의 몸과의 대화라고 할 수 있다.

신체적, 정신적 균형 있게 성장하기 위해서는 충분한 영양의 공급도 중요하지만 올바른 자세와 운동도 필요하다. 습관적으로 몸을 움직여서 자신이 편하다고 생각되는 특정한 방향으로만 움직이게 되면 고르지 못한 근육의 발달로 신체적인 불균형을 초래하기 쉽다. 또한 이것이 원인이 되어 허리나 팔다리, 목 등에 통증까지 느낄 수 있다. 요가는 이러한 신체적인 불균형을 막아주는 운동이며 나아가 정서적 안정감까지 가져다준다. 요가는 체질을 개선시켜 주므로 비만이나 허약 체질에 효과적이며 심장과 호흡기를 강화하여 심폐관련 질병을 예방해준다. 또한 마음을 차분하게 가라앉히고 집중력을 길러주기 때문에 정서적으로 불안정 할 때 좋다.

헬스, 에어로빅, 마라톤과 같이 단시간 격렬한 운동을 하는 것이 아니라 마치 명상을 하듯이 정적인 자세로 호흡과 스트레칭을 하면서 긴장과 이완을 반복해 나가는 운동이다. 따라서 격렬한 운동을 하면서 나타나는 체내 활성산소가 발생하지 않는다. 활성산소의 발생량은 우리가 소비하는 산소의 2% 정도로 알려져 있는데 격렬한 운동을 하게 되면 호흡의 증가로 활성산소의 발생량이 많아지게 된다. 활성산소는 흡연, 공해, 음주, 중금속 등에 의해서도 만들어지며 피부노화, 동맥경화의 원인이 된다.

대부분의 현대인들은 끊임없는 긴장 속에서 살기 때문에 이로 인하여 수많은 질병과 조기 사망을 초래하고 있다. 따라서 건강을 유지하고 증진하기 위해서는 긴장을 풀고 이완을 하면서 살 필요가 있다. 요가에서의 호흡은 "규칙적으로, 고르고, 길고, 깊게"하는 것이 기본 원칙이다. 이 원칙을 기본으로 "마시고(들숨) → 멈추고 → 쉬고(날숨) → 멈추고"의 순으로 하는 것이다.

3 아로마테라피

아로마테라피는 방향요법(芳香療法)이라고도 하며 식물의 향기물질을 이용한 대체요법의 하나이다. 즉, 식물에서 추출한 향기물질(에센셜 오일, 또는 정유라 부름)을 마사지나 호흡을 통해 몸에 침투시키거나 코로 흡입시켜 질병을 예방하고 치유하는 방법을 말한다.

이 말은 아로마테라피의 아버지라 불리우는 프랑스의 화장품 화학자인 "르네모리스 가테포스"가 1937년 아로마테라피에 관한 책을 저술하면서 생겨난 것이지만, 인류가 향기 물질을 사용한 역사는 오래 전부터였으며 구약성서에도 기록이 있다. 예수가 탄생했을 때 동방박사들이 바친 선물인 유향과 몰약은 아로마테라피를 위한 것이라고도 볼 수 있다. 유향은 영어로 "프랑킨신스(frankincense)"라 불리는 것으로 감람과에 속하는 유향나무의 수액에서 추출되며 혈액순환 촉진, 진통과 경련을 멈추게 하고 타박상, 부스럼, 월경 불순, 산후복통에 효과적이다. 몰약은 영어로 "미르(myrrh)"라 불리는 것으로 역시 감람과에 속하는 몰약나무의 껍질에서 나온 수액에서 추출되며 방부, 소독작용이 있다. 따라서 고대 이집트에서는 시체의 방부 처리에 많이 사용했기 때문에 "미르"라는 단어에서 유래하여 방부 처리된 시체를 "미이라"라고 부르게 된 것이다. 아로마오일을 사용하는 방법은 매우 다양하다. 예를 들면 목욕법, 흡입법, 마사지법, 족욕법, 확산법, 습포법으로 행할 수 있다. 이 중 피부나 두피관리에 널리 쓰이는 것은 마사지법이다. 그 이유는 아로마오일을 사용하여 신체를 마사지함에 따라 육체적, 정신적 효과를 동시에 얻을 수 있기 때문이다. 아로마 마사지는 대개 마음을 진정시키며 "스트레스 호르몬"이라 불리는 아드레날린의 분비를 감소시켜 준다.

특히 사이프러스, 주니퍼, 오렌지 오일은 피하조직의 지방이 뭉쳐 귤껍질처럼 보이게 되는 셀룰라이트 피부를 완화시키는 데 효과적이다. 체중이 과다한 물살 타입의 비만은 체액의 순환이 정체되어 체내에 머무르는 수분의 양이 많아 인체의 신진대사가 느려져 비만이 생기게 되는 것이다. 주니퍼는 이뇨작용이 있어 수분을 배출하는 데 도움이 된다. 따라서 주니퍼의 이뇨 특성과 사이프러스의 수렴 특성을 조합하면 지성과 비만치유에 도움이 될 수 있다.

아로마 오일을 사용할 때 주의해야 할 점은 증상별로 적절한 아로마오일을 선택하여 식물유(일명 carrier dil)에 희석해서 사용해야 한다는 것이다. 특히 임산부, 고혈압, 간질 등의 질환이 있거나 일광 알러지가 있는 경우에는 사용을 하지 말거나 더욱 희석해서 사용해야 한다.

표 4-1 주의해야 할 아로마오일의 예

항목	예
임산부	쟈스민, 멜리사, 시더우드, 타임, 로즈마리, 로즈, 마죠람, 페퍼민트, 펜넬, 클라리세이지, 주니퍼, 미르
고혈압	타임, 로즈마리
간질	페퍼민트, 로즈마리
일광 알러지	오렌지, 베르가못, 레몬, 그레이프프루트

4

컬러테라피

건강을 지키기 위한 대체 요법의 하나로 색을 이용하는 방법이 있다. 차분한 색의 벽지, 눈길을 잡아끄는 붉은색 옷, 식욕을 돋구어 주는 오렌지색 식탁보 등등..... 이런 색은 그저 보기 좋으라고 쓰는 것이 아니다.

색은 사람의 심리에 묘함 영향을 준다. 그래서 우리의 의식주에도 자신에게 맞는 색을 적극 활용하면 생활에 도움이 된다. 체중 감량이 필요할 때 음식을 청색 그릇에 담으면 식욕을 낮추고, 이것은 소식을 유도할 수 있게 한다. 반면 입맛이 없으면 붉은 색(방울 토마토)과 오렌지색(당근)을 보기 좋게 식탁에 올려두면 좋다. 오렌지색은 기분 들뜨게 하고 식욕을 돋워 음식을 많이 먹게 하는 효과가 있다. 따라서 패스트푸드점이나 패밀리 레스토랑들은 식탁과 벽지에 오렌지색, 노란색, 붉은색을 많이 활용하고 있다. 정육점의 조명이 붉은 것은 역시 식욕을 돋구기 위한 것이라 볼 수 있다.

1) 붉은색

식욕을 돋운다. 식품 껍질의 붉은 색소(라이코펜과 안토시아닌)는 우리 몸에 쌓인 유해산소를 없애주는 청소부이기도 하다.

- 토마토 : 항암성분인 라이코펜(lycopene) 함유
- 고추 : 다이어트에 효과
- 사과 : 비타민 C 풍부, 변비 예상
- 적포도주 : 안토시아닌(anthocyanin) 함유, 심장병, 뇌졸중에 효과

2) 노란색

식욕을 돋우고 소화기능을 돕는다. 베타-카로틴 등이 풍부

- 단호박 : 베타-카로틴과 비타민 C 풍부
- 고구마 : 식이섬유 풍부, 변비 예방
- 감자 : 비타민 C 풍부, 면역력을 높여 준다.
- 옥수수 : 비타민 E 풍부, 위와 신장에 이롭다.
- 귤 : 비타민 C 풍부

3) 녹색

신선한 느낌을 준다. 녹색의 엽록소가 함유되어 있다.

- 시금치 : 비타민 A, 철분, 엽산이 함유되어 미용과 빈혈 예방에 유익하다.
- 브로콜리 : 비타민 C와 A가 풍부
- 오이 : 혈압을 알맞게 조절해준다.

4) 검은색

안토시아닌이 풍부하게 함유되어 있다.

- 검은콩 : 여성 갱년기 증상 완화
- 검은쌀 : 무기질이 일반 쌀보다 더 많이 들어 있다.
- 검은깨 : 혈관 건강에 유익한 불포화지방이 풍부

5 목욕

건강을 지키는 데는 운동과 올바른 식생활 습관 못지않게 중요한 것으로 목욕이 꼽힌다. 목욕은 몸의 때를 제거해 청결히 하는 것 외에 혈액순환을 개선하고, 진정·진통을 하며, 피부에 탄력과 윤기를 준다. 목욕은 스트레스를 많이 받기 쉬운 생활 속에서 긴장을 푸는 데 목적이 있다. 스트레스로 피로해진 육체와 정신을 목욕을 함으로써 회복을 기대하는 동시에 약초나 허브를 첨가하면 그 효과를 배로 증가시킬 수 있다. 일반적으로 목욕물은 체온보다 약간 높게 하는 것이 좋다. 뜨거운 물은 노폐물을 제거하고 혈액순환을 촉진시키는 데는 도움이 되지만, 고혈압 등 심장·혈관계 질환이 있는 사람에게는 좋지 않다. 또 뜨거운 물은 각성작용을 하므로 밤늦게 뜨거운 물에 목욕을 하는 것은 불면증을 부를 수도 있다.

목욕은 피부의 노폐물을 제거해주는 효과 외에 혈액순환과 피로회복에 좋다. 목욕의 효과를 높이기 위해서는 목욕 전에 노폐물의 배출이 용이해질 수 있도록 목욕하기 30분 전쯤에 생수 두 컵 정도를 마셔두는 것이 좋다. 물을 마신 후 10 ~ 30분이면 물이 체내로 흡수되어 체액의 상태로 바뀐다. 체내에 수분이 충분하게 있으면 땀과 노폐물의 배출이 쉬워진다.

식사 직후에는 목욕을 하지 않는 것이 좋다. 식후에는 소화기관에 혈액이 몰려 있는 상태이므로, 이때 목욕을 하게 되면 소화기관의 혈액을 강제로 순환시키는 결과가 되므로 소화에 지장이 있으므로 오히려 좋지 않다.

목욕에서 가장 중요한 포인트는 물의 온도가 주는 "온열효과"이다. 체온에 가까워 차갑지도 뜨겁지도 않은 36℃ 부근을 "불감온도"라고 하는데, 이것은 우리 몸에 거의 영향을 주지 않는다. 온도로 목욕탕을 분류할 때 14 ~ 18℃일 때를 "냉탕(冷湯)", 39 ~ 42℃일 때를 "온탕(溫湯)", 42℃ 이상인 것을 "열탕(熱湯)"이라고 한다. 37 ~ 38℃라면 미지근하거나 따뜻하다고 42℃ 이상이면 뜨겁다고 느낀다. 이 4 ~ 5℃ 차이가 우리 몸에 주는 효과는 큰 차이가 있다. 그리고 겨우 몇 도 차이로 우리 몸은 활동상태가 되기도 하고 휴식상태가 되기도 한다. 따라서 목욕물의 온도를 구별하여 목욕을 하는 것이 중요하다.

온열효과를 제대로 이용하는 한 가지 포인트는 욕조(浴槽)에 몸을 담그는 시간이다. 몸에 부담을 주는 뜨거운 목욕물에는 길어도 10분 이내, 미지근한 목욕물이라면 아무리 짧아도 20분 이상 들어가 있어야 한다. 뜨거운 물과 미지근한 물의 온열효과의 차이는 교감신경(交感神經)과 부교감신경(副交感神經) 가운데 어느 쪽을 더 강하게 움직이게 하는가에 있다. 뜨거운 목욕물은 "활동신경"인 교감신경을 자극한다. 따라서 뜨거운 물에 몸을 담그고 있으면 피부혈관이 갑자기 수축하여 혈압이 급상승하고 심장 박동이 빨라진다. 그리고 시간이 조금 지나면 피부의 혈관이 열리는 대신 내장이나 근육의 혈관은 수축된다. 말하자면 심장과 혈류는 매우 바쁜 상태가 되는 것이다. 이와는 반대로 미지근한 목욕물은 "진정신경"인 부교감신경의 작용을 강화시킨다. 미지근한 물에 몸을 담그면 심신이 이완되므로 혈압이 갑자기 변하는 일도 없다. 몸을 개운하게 하기도 하고 식욕 억제에도 도움이 된다. 그러나 느긋하게 목욕을 즐기려면 반신욕이 적당하다. 가슴 밑까지 목욕물에 담그는 반신욕은 심장이나 폐에 부담이 적어 오랫동안 물속에 있을 수 있어서 긴장을 풀어주는 목욕법으로 가장 좋은 방법이다. 단, 악성고혈압, 협심증, 심근경색, 부정맥, 만성 신부전 환자 등은 주치의와 상의 해야 한다.

그림 4-2 중조를 이용한 탄산 온천수 목욕

1) 피부에 탄력이 없을 때 … 레몬 목욕

레몬을 절반으로 썰어 뜨거운 욕조에 넣고 레몬액이 우러나올 동안 가볍게 샤워를 한 뒤 욕조에 몸을 담근다. 감귤보다 비타민 C가 몇 배나 더 많은 레몬을 꾸준히 사용할 경우 피부를 탄력 있고 부드럽게 가꿀 수 있다.

2) 다이어트를 원할 때 … 천일염 목욕

욕조에 천일염을 3 ~ 4 큰 술을 넣고 다 녹을 때까지 기다린다. 욕조에 들어가 15 ~ 20분쯤 스펀지 등으로 부드럽게 몸을 마사지한다. 소금 목욕은 삼투압효과로 피부 노폐물을 제거하고 무기질 성분이 피부를 부드럽게 한다. 또 혈액순환을 좋게 하여 신경통, 관절통을 덜어준다. 어깨, 무릎, 팔꿈치와 같이 특정 부위에 통증이 심한 사람은 미리 천일염으로 가볍게 문질러 준 후 소금 목욕을 하면 더 효과적이다.

3) 피부병에 걸렸을 때 … 숯 목욕

욕조에 더운물을 붓고 목욕하다가 숯 조각을 면주머니에 담아 담근다. 물이 검어지기 시작하면 20분 정도 입욕했다가 깨끗하게 헹군다.

4) 잠이 안 올 때 … 식초 목욕

욕조에 물은 절반쯤 채운 뒤 식초를 한 컵 섞어 목욕을 한다. 식초의 유기산이 피로 감소를 빠르게 도와준다. 또 식초는 고혈압의 원인인 나트륨의 배설을 돕는다. 잠자기 전 식초 목욕을 하면 잠을 푹 잘 수 있다. 손발에 냉증이 있는 사람이나 몸에서 냄새가 많이 나는 사람에게 좋다.

5) 몸이 찰 때 … 약쑥 목욕

욕조에 먼저 약쑥을 넣고 뜨거운 물을 넣은 뒤 10분쯤 몸을 담갔다가 찬물로 샤워를 한다. 이 같은 방법을 2~3회 반복한다. 약쑥에는 철분과 칼슘이 함유되어 있어 빈혈, 요통, 월경통, 산후통 등 여성 질환에 효과가 크다.

6) 피곤하고 지칠 때 … 사과 목욕

사과 2개를 갈아 즙을 낸 후 면에 싸서 욕조에 담근다. 사과향이 욕실에 퍼지기 시작하여 몸을 담그고 15분쯤 휴식을 취한다. 몸이 편한 해지면서 신진대사도 원활해진다. 스트레스로 인한 긴장을 완화시켜주는 진정작용이 있다.

7) 우울할 때 … 아로마 목욕

욕조에 더운물을 받은 뒤 아로마 오일을 5 ~ 10방울 떨어뜨려 물과 잘 섞고 15 ~ 20분쯤 몸을 담근다. 아로마 오일은 여러 종류가 있다. 제라늄(갱년기 증상), 로즈(불안, 초조, 정신적 쇼크), 페퍼민트(집중력, 기억력 저하), 카모마일(신경이 예민하거나 분노, 갱년기 장애), 라벤더(불안감, 불면증), 자스민(우울증, 자신감 부족, 불안감) 등을 사용하면 좋다.

8) 지성, 알러지 피부 … 미역, 다시마 목욕

다시마와 미역을 소금기가 없도록 물에 여러 번 씻은 다음 절게 썰어 면주머니에 싸 뜨거운 욕조에 담근다. 미역은 지성, 알러지 피부나 가려움이 심할 때도 좋다.

9) 감기 기운이 있을 때 … 마늘 목욕

마늘 3 ~ 4쪽을 물에 삶아 냄새를 줄인 뒤 욕조에 띄운 뒤 목욕한다. 마늘 특유의 냄새를 내는 성분이 알리신(allicin)인데, 강력한 살균작용이 있다. 독감에 걸렸거나 치질이 있는 사람, 아토피성 피부에도 도움이 된다.

10) 땀이 많고 암내가 날 때 … 녹차 목욕

녹차를 마신 뒤 남은 티백을 모았다가 5~6개를 욕조에 넣고 5분쯤 지난 뒤 몸을 담근다. 녹차의 플라보노이드 성분이 피부에 스며들어 냄새를 없애주고 피부 탄력을 높인다.

11) 피부 노화 지연을 위해 … 당근 목욕, 장미 목욕

큰 당근 두 개를 잘라 물을 많이 넣고 끓인 다음 당근 물이 충분히 우러나면 그 물을 욕조에 넣는다. 장미는 주름을 예방하고 피부를 아름답게 가꾸므로 목욕물에 장미를 띄우는 것도 효과적이다.

목욕 후 피부는 노폐물이 제거된 상태이며 각질층은 수분을 머금고 있다. 이 상태에서 그대로 피부를 말리게 되면 급격히 수분이 증발되면서 오히려 더 건조해진다. 따라서 목욕 후에는 물기를 타월로 살짝 제거한 후 즉시 바디로션, 바디 오일 등을 발라서 수분의 손실을 막아주는 것이 좋다. 단, 아로마 목욕을 할 때는 그대로 말려 주어야 건조해지지 않는다. 왜냐하면 아로마 오일 자체가 유분으로 유분막을 만들어주기 때문이다. 아로마 마사지는 비만관리, 질병치료 등 다양한 용도로 활용되고 있다.

- 여드름 피부 : 제라늄, 페퍼민트, 티트리 등은 피부의 감염된 곳을 깨끗하게 해주고 이미 생긴 피지를 줄여 준다. 이때 림프 마사지를 해주면 여드름 균의 독성물질을 제거해주므로 더욱 효과적이다.
- 건성 피부 : 수분이 부족하여 심하게 당기고 건조하기 때문에 주름이 쉽게 생긴다. 이때는 자스민, 라벤더 같은 것을 사용하면 좋다.
- 노화 피부 : 세포재생효과가 있는 라벤더, 샌달우드, 자스민, 주니퍼 등이 좋다.

6 두피와 모발의 건강

두피와 모발의 관리를 꾸준히 하면서 모발의 성장에 도움이 되는 영양소를 충분히 섭취할 때 건강한 상태를 유지할 수 있다. 특히 여성의 경우 모발은 성적인 매력을 주기 때문에 여성에 있어 두피와 모발을 건강하게 하는 것은 아무리 강조하여도 지나치지 않을 것이다.

1) 두피와 모발의 관리

두피는 유분기의 정도에 따라 건성, 중성, 지성으로 구분한다.

자신의 두피 타입을 알려면 머리카락 깊숙이 손을 넣어 손가락 끝으로 두피를 문질러 본다. 건성일 경우 건조하고 당기는 느낌이 들며 각질이 쉽게 일어난다. 중성은 약간의 유분기가 느껴지며 당기는 느낌은 없다. 지성일 경우 상당한 유분기가 느껴지고 간지럽고 악취가 나기도 한다.

모발의 상태는 5 ~ 10가닥을 뽑아 물에 충분히 적신 다음 당겨보면 알 수 있다. 정상적인 머리카락은 잘 늘어나지 않고 탱탱한 느낌이 나는 반면 약손상은 약간 늘어나고 바닥에 놓았을 때 파도처럼 휘어진다. 머리카락이 고무줄처럼 늘어나거나 중간에 끊어진다면 극손상(極損傷)인 상태라는 증거다. 빗질을 많이 하면 혈액순환이 좋다고 하지만 이는 건성 두피에만 해당된다. 지성일 경우 오히려 피비 분비가 과다해져 지루성 비듬의 원인이 된다.

(1) 건성 두피

건성 두피를 그대로 두면 비듬이 생기고 머릿결까지 나빠질 수 있다. 손상된 모발은 조금 잘라 주는 것이 좋다. 평소에 열 손가락을 머리 깊숙이 넣어 5분 정도씩 골고루 지압하는 습관을 갖는다. 샴푸 전에 브러시로 모발 속 먼지를 제거하며 끝이 둥근 브러시로 두피를 두드리며 5분간 빗어준다. 샴푸는 하루 한 번 저녁 시간대에 37℃의 미지근한 물로 한다.

약손상 모발의 경우 3℃ 낮은 34℃의 물을, 극손상은 그보다 낮은 31℃의 물을 사용한다. 거품을 낼 땐 가능한 한 머리카락의 마찰을 줄이며 손가락의 지문 부위를 이용, 두피를 마사지해준다. 머리를 조심스럽게 헤쳐 가며 최소 1분 이상 샴푸기를 깨끗이 헹궈내야 한다.

컨디셔닝은 되도록 두피에 닿지 않게 매일 2분씩 한다. 일주일에 함 번씩은 랩과 스팀타월을 이용해 10분간 트리트먼트해준다. 모발이 약간 손상됐다면 주 2 ~ 3회, 극손상의 경우 매일 15분간한다. 뜨거운 기운이 없어지기 전 10분간 찬 수건으로 팩을 해준다. 물기는 타월로 톡톡 두드리며 우선 50% 정도만 닦아낸다. 그런 뒤 헤어드라이어로 바람을 손 안에 담듯이 해 나머지 물기를 말린다. 이때 반드시 찬바람을 사용한다. 건성 두피에는 지용성 비타민이 많이 함유된 당근, 호박, 우유, 버터, 생선 등을 충분히 섭취하되 커피, 담배는 절대 금물이다.

(2) 중성 두피

중성 두피는 모발의 손상이 없다면 가장 이상적이다. 이 경우 매일 샴푸를 하고 같은 종류의 컨디셔너로 린스를 함으로써 좋은 모발상대를 유지한다. 트리트먼트는 주 1회가 적당하다. 두피 상태는 좋은데 모발이 손상되었다면 대개 퍼머나 염색 때문이다. 미지근한 물로 샴푸, 트리트먼트, 컨디셔닝해주고 상태가 좋아질 때까지 염색과 퍼머를 삼간다. 모발에 영양을 주는 검은콩, 검은깨, 두부, 콩나물, 생선, 우유, 다시마, 시금치, 김, 멸치 등을 섭취한다.

(3) 지성 두피

지성 두피인 사람은 피지의 분비 증가로 오염물의 부착이 많고 두피와 모발이 끈끈하다. 꾸준히 모공을 관리하여야 하며 샴푸 후에는 두피에 잔여물이 남지 않도록 한다. 지성인 경우 대개 모발의 손상은 끝 부분에서 발생하는 경우가 많으므로 헤어린스나 헤어트리트먼트는 머리카락 끝 부분에만 바르도록 한다. 또한 모발 영양과 관련이 있는 단백질과 비타민 B_6 등을 꾸준히 섭취하도록 하고, 역시 커피나 담배는 삼가야 한다.

2) 비듬의 예방과 치유

비듬이 생기는 원인은 여러 가지가 있으나 체질적인 영향도 크다. 여기에 피지선(皮脂腺)의 기능 이상과 세균이나 각질층에 생긴 이상이 복합적으로 작용하기도 한다. 기타 정신적인 긴장이나 계절적인 원인으로 비듬이 생기기도 한다. 또 비듬은 머리뿐만 아니라 얼굴, 가슴 등 피부의 어느 부위에도 생길 수 있다. 이렇게 원인이 불분명한 만큼 근본적인 치유가 어렵다. 다만 비듬을 억제하는 약용 샴푸의 사용 또는 두피관리를 통해 꾸준히 손질해 주는 것이 중요하다. 비듬은 일시적으로 두피의 각질이 과도하게 벗겨지면서 가려움을 동반한다. 모근과 두피에 미세한 하얀 각질이 보인다.

정상적인 두피의 경우 28일을 주기로 세포의 재생과정을 거치는데, 이때는 죽어서 떨어져 나오는 각질세포가 미세하여 눈에 쉽게 띄지 않는다. 그러나 세포재생주기가 빨라지게 되면 죽어서 떨어져 나오는 각질세포의 크기가 충분히 작아지지 못하고 서로 덩어리져 뭉치기 때문에 하얀 각질의 덩어리가 쉽게 눈에 띄게 된다. 이것이 바로 비듬인 것이다. 즉, 비듬은 세포재생과정이 정상적인 주기보다 빨라져서 생긴다.

비듬이 생기는 것을 연령대로 보면 젊은 사람, 특히 청소년과 성인층에서 자주 발생된다. 사춘기에는 남성 호르몬의 증가로 피지 생성이 활발해져 비듬의 생성을 더욱 촉진한다. 어린이나 노인에게는 비듬의 발생 빈도가 현저하게 떨어지거나 매우 드문 편이다.

그동안 비듬의 원인에 대해서는 스트레스, 호르몬 불균형, 음식물, 체질적 도는 환경적 요인에 이르기까지 다양한 요소들이 제시되었지만 이들이 어떻게 비듬의 생성에 영향을 미치는지에 대해서는 아직 과학적으로 완전히 밝혀지지 않았다. 또 탄수화물, 지방, 술, 커피의 과도한 섭취가 비듬을 악화시킬 수 있지만 이들의 주된 원인은 아니다.

비듬은 피지를 먹고서는 비듬균에 의해 생기기 때문에 기름진 두피에 많이 자생하며, 대부분 두피에 가려움증을 동반하므로 두피가 건강하지 못한다. 또한 비듬이 있는 곳에서 자라는 모발은 비듬이 없는 두피에서 자라는 모발보다 상대적으로 더 손상이 되어 있다. 이는 비듬이 있는 두피의 모발은 비듬으로 인한 가려움이 상대적으로 심하기 때문에 더 많이 긁게 되고 이런 행동은 모근을 손상시켜 머리카락이 건강하게 자랄 수 없게 한다.

극단적인 경우에는 약화된 모낭 때문에 모발의 성장이 느려질 수도 있다. 결국, 비듬과 가려움을 치유하면 가려움으로 인해 두피를 긁어 모근 주변을 손상시키는 것을 막을 수 있고 이는 탈모를 막고, 이로서 건강한 모발을 유지할 수 있다.

3) 탈모의 예방과 치유

머리에 난 모발의 개수는 약 10만개 정도인데 이들은 각기 독립적으로 3~6년의 주기로 빠지고 다시 자라나오는 것을 반복한다. 따라서 정상적인 경우 하루에 60~80개 정도 빠진다고 볼 수 있다. 그러나 하루 100개 이상 빠지거나 자른 속도가 느려지거나 가늘어지게 되면 탈모가 일어날 가능성이 높다. 탈모의 주요 원인으로는 영양장애, 호르몬 불균형, 혈액순환 불량, 유전적 요인, 정신적 스트레스 등이 있다.

남성형 탈모증의 경우 남성 호르몬의 활성 증가에 의한 것이 대부분이고, 동전모양으로 빠지는 원형 탈모증은 영양부족과 스트레스가 주된 원인이다. 여성의 경우 여성 호르몬의 지배를 받아 남성형 탈모증과 같은 탈모는 일으키지 않지만 갱년기를 지나게 되면 두정부의 머리숱이 적어지는 확산성 탈모(diffuse hair loss)를 일으킨다. 또한 심한 빈혈, 갑상선기능의 저하로 탈모가 되기도 하도, 갱년기에 접어들어 난포 호르몬 분비량이 감소하여 탈모가 진행되기도 한다. 나이가 들어 성장호르몬의 분비가 감소하면 탈모도 심해질 수 있다.

기혼 여성의 경우 임신 전후와 출산 후 3~6개월 사이에 탈모가 심해진다. 심하게는 50% 이상 빠지기도 하는데 이때 영양섭취를 충분히 해주어야 한다. 급작스러운 다이어트도 탈모의 원인이다. 몸 전체의 신진대사가 깨져 버렸기 때문이다.

그렇다면 탈모를 예방하는 방법은 없을까? 가장 먼저 생활습관부터 바꿔야 한다. 가능한 샴푸를 자주하여 두피를 청결히 한다. 특히 두피가 지성인 여성은 모발을 건조해도 두피는 끈적거릴 수 있다. 브러시도 끝이 둥근 나무 재질을 선택해 빗질 자체가 마사지 역할을 하게 되다. 컨디셔너에 함유된 단백질은 보습효과를 준다. 이때 두피에 잔여물이 남지 않도록 철저히 씻는 것이 무엇보다 중요하다. 알코올이 많이 배합된 제품은 두피를 건조하게 할 수 있으므로 주의 하여야 한다. 담배는 물론 금물이고, 규칙적인 식습관은 기본이다. 그런데, 여성 탈모는 유전적 원인이 큰 남성 탈모와 달리 관리여부에 따라 원상회복이 얼마든지 가능하다. 계란의 노란자속에는 모발 성장에 꼭 필요한 비오틴 성분이 있으므로 삶아서 1-2씩 섭취하는 것도 좋다.

7 미용을 위한 천연 팩

팩(pack)이란 피부 표면에 얇은 막을 씌워 모공 깊숙이 있는 노폐물을 제거하고 영양을 공급하는 미용법의 하나이다. 피부 표면을 막으로 감싸주면 막과 피부 사이에 수분이 고여 각질이 부드럽고 촉촉하게 된다. 또 피부 표면의 막에 의해 온도가 높아져 혈액순환을 좋게 하고 모공이 열리면서 팩의 영양분이 그대로 흡수된다. 그리고 막을 떼어낼 때 오래된 각질이나 모공 속의 더러움도 함께 제거되는 효과를 얻을 수 있다.

팩은 물이나 우유, 한약재 가루나 야채, 과일 간 것 등을 바르기 좋게 개어 깨끗이 세안한 얼굴에 고루 바르면 된다. 팩을 바르기 전에 눈 주위는 아이크림을 발라두는 것이 좋다. 만약 팩을 하는 도중 자극이 느껴진다면 즉시 미지근한 물로 닦아 내야 한다.

팩은 종류에 따라 크림(cream)으로 하는 팩, 젤(gel) 타입의 팩, 바른 후 얇은 막이 만들어지는 팩, 공기를 차단하고 열을 내는 석고(石膏)팩, 혈액순환을 돕고 피로를 풀어주는 파라핀(paraffin) 팩, 달걀이나 식물재료 등을 이용한 천연(天然) 팩 등이 다양하다.

1) 천연 팩의 재료

(1) 한방 재료

• 감초

진정, 소염작용이 있어 상처치유효과가 있다. 다른 성분의 독성을 약화시키는 작용이 있어 한방 처방에서는 감초가 빠지는 경우가 거의 없으며, 이로 인해 "약방의 감초"라는 말까지 있다.

• 어성초

물고기 비린내와 비슷한 냄새가 난다고 해서 붙여진 이름이다. 일명 "삼백초"라고도 한다. 염증 치유, 세포재생 촉진, 향균 작용이 뛰어나 피부가 헐었을 때, 염증성 피부 질환, 무좀 등에 사용한다.

• 약쑥

독특한 향을 내는 향기 성분이 함유되어 있으며 피부에 소염작용, 진정작용, 소독작용, 모세혈관 강화작용을 한다. 어떤 피부타입에도 쓸 수 있는데, 특히 민감성, 여드름, 붉은 피부에 좋다.

• 박하

시원한 냉각효과의 멘톨(menthol)이 함유되어 있어 가려움증 진정작용, 청량감, 가벼운 수렴작용, 혈액순환 촉진작용이 있다.

• 알로에

한방명으로 "노회"라 한다. 잘 성숙된 잎 속에 함유된 점액성 물질을 사용하며 항균, 보습작용, 화상치유와 피부 재생에 효과적이다. 여드름이나 피부가 헐게 된 궤양을 잘 낫게 해준다.

(2) 과일 재료

• 딸기

인, 나트륨, 실리콘, 철분을 함유하고 있다. 피부를 수렴하고 탄력

있게 해준다. 건성 피부나 기미가 있는 피부뿐만 아니라 여드름, 지성 피부에도 좋다.

- 바나나

당질, 비타민 A가 풍부하여 건성 피부와 노화된 피부에 특히 좋다. 벌꿀, 우유, 요구르트 등과 섞어서 사용하면 더욱 좋다.

- 사과

당질, 유기산을 비롯하여 미량 무기질이 풍부하게 들어 있다. 사과는 싱싱한 것을 잘 갈아서 쓸 수도 있고, 사과 식초를 적당히 희석하여 다른 재료에 섞어서 사용할 수 있으며 여드름 피부에 좋다.

- 수박

수분을 많이 함유하고 있어 보습효과가 뛰어나다. 무기질로는 칼슘, 인, 철분, 나트륨, 칼륨 등을 함유하고 있다.

- 키위

당질, 무기질, 비타민 C가 풍부하여 질병에 대한 면역기능을 향상시키고 피부 탄력 상승, 보습 및 미백효과가 좋다. 또 단백질 분해효소가 함유되어 있어 각질제거에도 도움이 된다.

- 아보카도

열대과일로 지방이 16%, 탄수화물 6%, 단백질 2% 정도로 건성 피부나 노화된 피부에 좋다.

(3) 꽃, 씨앗 기름을 이용한 재료

- 장미꽃

유기농으로 재배된 장미꽃은 좋은 미용 재료가 된다. 특히 장미의 향기 성분은 피부를 생기 있게 한다. 장미수(rose water)는 화장수의 재료로 쓰인다. 장미꽃을 뜨거운 물에 넣어 뚜껑을 덮고 우려내어 쓰거나, 포도주 등에 우려낸 후 팩 재료로 쓴다.

• 살구씨 기름

피부 미용에 쓰는 것은 볶지 않고 그대로 압착하여 짠 것으로 살구씨의 냄새가 강하게 난다. 특히 달걀을 팩 재료로 이용할 때 첨가하면 달걀의 비릿한 냄새를 없애는데 좋다.

• 복숭아씨 기름

살구씨 기름에 비하여 피부 자극이 적다. 팩에 첨가해서 쓸 수도 있고 마사지 크림과 섞어서 사용해도 된다.

• 참깨 기름

참기름이라 부른다. 볶지 않고 참깨를 그대로 압착하여 짠 것이 좋다. 필수 지방산이 함유되어 피부를 윤기 있고 매끄럽게 하며 노화를 억제한다.

• 해바라기씨 기름

비타민 E, 레시틴, 필수 지방산이 풍부하다. 참기름과 마찬가지로 피부를 윤기 있고 매끄럽게 하며 노화를 억제한다. 해바라기씨 기름을 피부에 가볍게 마사지한 후 랩으로 덮어두면 오일 팩이 된다.

(4) 가루를 이용한 재료

• 밀가루

알러지를 유발하지 않기 때문에 대부분의 피부에 쓸 수 있다. 건조되면서 노폐물을 제거해 주므로 피부를 청결하게 다른 팩 재료를 혼합할 때 바탕성분으로 사용할 수 있다.

• 콩가루

레시틴 성분이 많아 피부를 윤기 있게 해주고 세안제로 쓸 수도 있다. 생것은 비린내가 나고 독성이 있어 살짝 쪄서 사용한다.

• 맥반석 가루

약알칼리성으로 피부를 청결하게 해준다. 진흙 팩과 비슷한 작용을 하며 모공의 피지제거, 거칠고 오래된 각질의 제거에 효과적이다.

• 알긴산 가루

미역, 다시마 등 해조류 중에서 추출한 것으로 물에 약간만 녹여도 걸쭉한 상태가 된다. 보습효과가 우수해 재생 및 진정작용을 나타낸다.

• 율무 가루

한방명은 "의이인(薏苡仁)"이다. 비타민 E, 비타민 P, 식물성 스테롤, 유기산 등이 함유되어 있다. 여드름이 잘 나는 피부, 지성 피부에 사용하면 좋다.

• 녹차 가루

녹차에는 카테킨, 탄닌 등이 함유되어 있어 노화억제에 효과적이며 수렴 및 진정 작용이 있다. 노화된 피부, 지성 피부에 사용하면 좋다.

(5) 야채를 이용한 재료

• 오이

90% 정도가 수분이며 비타민 C 또한 풍부하여 여름철 햇볕에 달아오른 피부의 진정과 미백효과가 우수하다. 오이 꼭지의 쓴맛이 있는 부분은 비타민 C를 파괴하는 작용이 있으므로, 미백효과를 원할 때는 반드시 꼭지를 잘라 버리도록 한다.

• 감자

단백질과 비타민 C가 풍부하다. 해독작용과 미백효과가 있으므로 염증의 치유 및 오이 팩과 같이 여름철 달아 오른 피부를 진정하는데 효과적이다. 감자팩은 통증을 완화시켜주는 찜질약에 비유할 수 있다.

• 당근

베타-카로틴이 풍부하다. 이외에 비타민 B_1, B_2, B_5, B_6, D, E등과 미량 무기질이 함유되어 있다. 피부를 부드럽게 하고 여드름을 치유시키는 효과가 있다. 모세혈관이 확장된 피부에 사용해도 좋다.

• 양배추

유황 성분을 함유하고 있어 여드름 피부에 좋다. 이외에 비타민 C, 단백질, 인, 칼슘, 요오드 등이 함유되어 있다. 여드름의 상처를 빨리 치유시키고 흉터가 커지는 것을 막는 효과가 있다.

(6) 기타 재료

• 달걀 노른자

인지질과 지용성 비타민이 풍부하다. 레시틴, 콜레스테롤, 지용성 비타민은 노화의 예방과 지연에 도움이 된다. 달걀 노른자에 밀가루, 우유나 요구르트를 섞어 걸쭉하게 만든 후 바르면 된다.

• 달걀 흰자

지방은 적은데 비해 단백질이 풍부하여 피부에 잘 달라붙는다. 따라서 노폐물이 많은 지성 피부에 효과적이다. 모공 수축작용을 하며 레몬즙을 함께 쓰면 더욱 효과적이다. 달걀 흰자에 밀가루, 레몬 즙을 섞어 걸쭉하게 만든 후 바르면 된다.

• 흑설탕

당분뿐만 아니라 유기산인 글리콜산(glycolic acid)이 함유되어 있어 보습과 각질제거에 효과적이다. 흑설탕과 따뜻한 물을 2 : 1의 비율로 섞어 은근히 불에서 조려 걸쭉하게 만든 후 바르면 된다.

• 벌꿀

비타민, 단백질이 풍부하다. 특히 꿀 속에 함유된 로얄젤리(royal jelly)는 면역 기능의 강화는 물론 아토피(atopy) 피부와 상처 치유에 효과적이다. 벌꿀은 그대로 바르거나 물과 분유를 섞어 걸쭉하게 만들어 쓸 수 있다.

• 우유

부담 없이 사용할 수 있고 부작용이 적다. 미용 팩을 할 때는 되도록 저지방유를 사용한다. 세정효과가 있어 목욕을 할 때 우유로 가볍게 문질러 닦아내면 피부가 촉촉함을 유지하며 깨끗하고 부드러워진다. 일반 팩을 갤 때 물 대신 사용해도 좋다.

- 요구르트

  액체 상태의 요구르트나 과일이 함유된 것을 사용한다. 지성 피부나 여드름이 잘 나는 피부에 사용하면 좋다.

2) 피부타입에 맞는 팩의 종류와 만들기

(1) 중성 피부에 적당한 팩

중성 피부에는 오이, 사과, 요구르트 팩이 적당하고 주 1~2회 실시한다.

- 오이 팩

  오이 간 것 2스푼 + 알로에 젤 + 밀가루 적당량을 혼합한 후 사용하여 얼굴에 바른 다음 잘 떼어낸다. 끝난 후에는 미지근한 물로 닦아내고 마무리 시 찬물로 세안하면 수렴효과가 있다.

- 사과 팩

  사과 간 것 2스푼 + 알로에 젤 + 밀가루 적당량을 오이팩과 동일한 방법으로 만들어 사용한다, 피부 보습과 탄력 및 미백효과를 부여한다.

- 요구르트 팩

  요구르트 2스푼 + 꿀 약간 + 밀가루 적당량

(2) 건성 피부에 적당한 팩

건성 피부에는 바나나, 달걀 노른자, 콩가루, 참깨 기름 등이 적당하다. 주 1~2회 실시하는 것이 적당하다. 바나나의 비타민 A와 당분은 피부를 매끄럽게 가꾸어준다. 콩가루는 먹어도 좋고, 피부에 발라도 좋은 미용 재료이다. 콩과 달걀 노른자에는 레시틴이 함유되어 있어 피부를 윤기 있게 해준다.

- 바나나팩

바나나 으깬 것 2스푼 + 영양크림 적당량을 혼합한 후 바르고 랩(wrap)을 씌워 밀착시켜 준다. 이렇게 해주면 흡수가 잘 되어 효과가 더욱 커진다.

- 달걀 노른자 팩

달걀 노른자 1개 + 살구씨 기름 1방울 + 레몬 즙 적당량을 거품기를 이용하여 혼합하면 걸쭉한 마요네즈 상태가 된다. 겨울철 건조한 피부에 사용하면 좋다.

또는 달걀 노른자 1개 + 참깨 기름 반숟갈 + 꿀 1찻술 + 밀가루 적당량을 혼합하여 사용해도 된다.

(3) 지성 피부에 적당한 팩

지성 피부에는 진흙, 당근, 달걀 흰자 등이 적당하다. 진흙은 피지 흡착작용이 우수하고, 당근에는 카로틴과 비타민 B군이 풍부하여 달걀 환자는 세정 작용을 나타낸다.

- 진흙 팩

진흙 1티스푼 + 알로에 젤 1스푼 + 요구르트 적당량을 골고루 섞는다. 이때 진흙 대신 맥반석을 사용해도 된다.

- 당근 팩

당근 간 것 2스푼 + 알로에 젤 1스푼 + 밀가루 적당량을 골고루 섞는다. 이때 조금 되다고 생각이 되면 요구르트나 물을 섞는다.

- 달걀 흰자 팩

달걀 흰자 1개 + 요구르트 적당량 + 알로에 젤 적당량을 골고루 섞는다. 이때 너무 묽으면 밀가루를 섞어 준다.

(4) 여드름 피부에 적당한 팩

여드름 피부에는 항염증과 상처치유효과의 팩을 하는 것이 좋다. 약쑥, 어성초, 양배추 등이 적당하다.

- **약쑥 팩**

  약쑥 가루 2스푼 + 맥반석(혹은 진흙) + 밀가루 적당량을 골고루 섞어 사용한다.

- **어성초 팩**

  어성초 2스푼 + 맥반석(혹은 진흙) + 밀가루 적당량을 골고루 섞어 사용한다.

(5) 기미 피부에 적당한 팩

기미 피부는 표피가 얇고 약한 경우가 많으므로 팩은 주 1회 정도로 하되 닦아낼 때는 물을 끼얹어 가며 부드럽게 닦아 낸다. 이때 물리적 자극이 가지 않도록 해야 한다. 살구씨, 율무, 레몬, 자몽, 흑축, 백봉령 등이 쓰인다.

- **살구씨 팩**

  살구씨 가루 2스푼 + 달걀 노른자 1개 + 꿀 1스푼을 골고루 섞어 사용한다.

- **율무 팩**

  율무 가루 1스푼 + 일긴산 용액(또는 우유)을 골고루 섞어 사용한다.

- **레몬 팩**

  레몬 1찻술 + 쑥 추출물 + 밀가루 적당량을 골고루 섞어 사용한다.

- **자몽 팩**

  자몽 즙 1찻술 + 꿀 1스푼 + 밀가루 적당량을 골고루 섞어 사용한다.

- 흑축 팩

흑축(나팔꽃씨) 가루1스푼 + 백봉령(또는 감초) 1스푼 + 물(또는 우유)적당량을 골고루 섞어 사용한다.

(6) 붉은 피부에 적당한 팩

붉은 피부에 모세혈관이 약하기 때문에 외부의 온도나 자극에 매우 민감하다. 모세혈관을 튼튼히 해주는 재료로 구기자, 민들레 등이 있다.

- 구기자 팩

구기자에 함유된 비타민 P가 모세혈관을 튼튼히 해준다. 구기자 1스푼을 더운 물에 붓고 약한 불로 은근히 우려낸다, 이렇게 해서 얻은 구기자 추출물에 알긴산 가루, 살구씨 기름을 적당량 넣고 걸쭉하게 되도록 만든 후 가제를 이용하여 얼굴에 바른다.

그림 4-3 얼굴에 가제를 이용하여 팩을 하는 장면

3) 팩의 방법과 주의점

(1) 팩의 방법

- 볼의 바깥 눈언저리(온도가 낮은 곳)부터 먼저 바르고 인중 부분(냄새에 민감하므로)은 제일 나중에 바른다(양볼 25℃→턱 31℃→콧등 33℃→이마 35℃→인중 27℃)
- 눈언저리와 입술은 예민한 부분이므로 바르지 않는다.
- 민감성 피부는 10~20분으로 시간을 짧게 한다.
- 거즈를 벗길 때에는 턱에서 코까지 말아 올린 후 이마에서 코 있는 부분까지 말아 내린다.

(2) 주의 사항

- 아깝다고 상한 재료를 사용해서는 안 된다. 과일은 유기농의 무공해이고 선선할수록 좋다.
- 산성도가 강한 과일(레몬 등)을 민감한 피부에 직접 쓰면 트러블을 일으킬 수 있으므로 주의한다.
- 팩 재료는 철 소재가 아닌 플라스틱 강판에 갈아야 영양소의 파괴가 적다.
- 세안을 하고 눈 주위에 아이 크림을 바르고 스팀 타월을 한 후 팩을 하면 효과적이다
- 천연 팩은 일주일에 한번 내지 두 번 정도가 좋다. 너무 자주하면 피부가 민감해질 수 있다.
- 피부에 질환이 있을 때, 면도 직후, 가려움, 따가움 등 이질감이 느껴질 때 상처가 난 피부에는 팩을 하지 않는다.

5

CHAPTER

흡연과 음주의 건강

nutrition & health

1 흡연과 건강

담배의 위해성은 나날이 강조되어 왔으나 흡연 인구는 계속적으로 늘어만 가고 현대에는 젊은 여성들의 흡연이 문제가 되고 있다. 여성의 임신 중의 흡연은 미숙아 출산, 선천성 기형아 출산 등 태아에게 막대한 영향을 끼친다. 담배의 주성분인 니코틴은 중추 신경계를 자극하여 심장 운동을 촉진시켜 맥박이 빨라지게 하며 혈액의 양을 증가시킨다.

담배에 함유되어 있는 타르(tar)는 담배가 연소할 때 작은 입자로 연기 속에 존재하며 입자의 크기가 1μm 전후이면 60% 이상이 폐 속에 축적되어 진다. 기관지나 폐로 들어간 타르는 폐암의 원인이 되며 담배가 연소되어질 때 일산화탄소와 이산화탄소가 발생한다. 담배 연기 속에는 일산화탄소가 최고 4만 5000ppm이나 들어있으며 일산화탄소는 헤모글로빈과 결합하는 반응이 산소보다 빨라 적혈구에 있는 헤모글로빈과 산소의 결합을 방해하여 산소가 몸속의 여러 기관으로 운반되는 것을 방해하게 한다.

흡연으로 인해 야기되는 질병으로는 후두암, 폐암, 구강암, 식도암,

신장암, 방광암, 췌장암, 자궁경부암 등의 각 종 암과 관상동맥질환, 뇌혈관질환, 대동맥류, 말초혈관질환 등의 심혈관 질환, 폐기종, 만성 기관지염과 같은 호흡기 질환, 그 외 소화성 궤양, 저체중아, 기타 신생아에 미치는 효과 등의 무수히 많은 질병을 야기한다.

흡연 시 피부의 변화로는 혈색은 창백해지고 피부가 거칠어질 수 있다. 눈 주위의 잔주름 등 피부 노화가 촉진되며 영양분을 공급하는 혈관을 축소시킴으로써 눈에 보이지 않는 피부의 변화가 나타나고 혈관을 축소시켜 피부의 온도를 떨어뜨리고 말초부위의 혈액 순환의 저하를 가져온다.

흡연에 의한 주름은 흡연 연수와 비례하고 여자가 남자보다 민감하게 반응한다. 또 피부에 발생하는 암 중에 가장 악성인 흑색종의 경우 비흡연자보다 더 두껍게 생긴다. 그 외에도 흡연은 주사비(빨간 코)나 말초혈관 확장증과 같은 피부 질환을 더욱 악화시킬 수 있다. 특히 청소년 시절의 흡연은 성인이 된 후 치주조직이 더 많이 손상되고 그 증상도 심해진다.

담배 피우는 사람은 입 에서 고약한 냄새가 나며 맛을 보는 기능과 냄새 맡는 능력도 떨어진다. 흡연 시 복부비만이 증가된다고 연구 결과가 있으며 흡연 여성들의 체형이 비이상적으로 복부비만이 더 한 것으로 밝혀졌다. 이는 순환장애에 의한 셀룰라이트와 수분 정체 현상으로 인하여 몸매가 예쁘지 않게 되는 현상을 초래한 것이다.

2 음주와 건강

과도한 음주는 피부 재생과 미용에 필요한 비타민 B류의 소모를 증대시켜 영양 불균형을 초래하고 간 기능의 저하를 가져온다. 적은양이라도 습관적으로 알코올을 섭취하게 되면 지방간이 되고 간 기능을 악화시켜 피부에 색소 침적이 일어나고, 피로회복이 잘 되지 않는다. 여성의 경우 여성호르몬이 체내에서 알코올 대사를 활성화시켜 독성물질인 아세트알데히드(acetaldehyde)를 증가시키므로 더 큰 위험성을 가진다. 체내의 알코올 분해 효소는 간에서 생성되며 알코올의 분해는 주로 간에서 일어난다. 아세트알데히드를 분해시키는 효소의 양은 개인마다 정해져서 태어나기 때문에 개인의 체질에 맞지 않는 과음은 매우 위험한 것이다. 분해되지 않은 알코올은 소변으로 쉽게 배출되기도 하므로 음주 시에 물을 많이 마시는 것은 간의 부담을 덜 수 있다.

만성적인 여성의 음주는 각종 비타민과 무기질 및 단백질의 결핍과 난소기능이 약해져 무월경, 불임증이 올 수 있으며 자연유산을 유도할 수 있으므로 특히 주의해야 한다. 음주로 인해 모세혈관확장은 피부의 수분손실을 증가시켜 피부를 거칠게 만들며 피부의 재생속도가 늦추어 얼굴색이 전반적으로 검은색을 띠게 된다. 이 밖에도 성인 여드름은 음주를 하면 아주 심화되는 현상을 보이기도 한다.

6

CHAPTER

질병과 건강

nutrition & health

1

암과 건강

암은 우리 인체의 모든 부위에서 발생할 수 있으며 다양한 특성과 진행과정, 결과를 나타낸다. 정상세포는 자신이 속한 조직에서의 분리하기 어렵고 다른 조직과의 거부반응을 일으킨다. 반면 암세포는 원래 발생한 조직에서 근접한 다른 조직으로 체내 다른 기관으로 침투하여 다른 종양을 생성할 수 있는데 이를 전이(轉移)라 한다. 또한 자신이 성장하기 위해서 영양분을 과도하게 소비하여 다른 정상주변 세포의 기능과 성장을 방해한다.

표 6-1 악성종양과 양성종양의 비교

	악성종양	양성종양
전이여부	다른 조직으로 이동 성장분화	사이즈만 성장함
성장형태	주변조직의 침윤 성장	확대 팽창
특성	세포의 미성숙	세포의 성숙
재발률	다른 조직으로의 전이 후 재발 다발	조직 제거 후 재발률 낮음
영향	수술, 방사선, 화학요법등 치료요. 치사율 높음	미제거시 주변조직의 압박, 폐쇄
예후	진단 시기, 분화정도, 전이여부에 따라 다양함	좋음

2 당뇨병과 건강

당뇨병은 연령이 증가할수록 발병률이 높아지며 우리나라의 대표적인 성인병 중 하나이다.

체내의 포도당을 정상적으로 이용하지 못하여 혈당이 증가하고 되고 소변으로 당이 배설되는 증세를 나타난다. 섭취된 음식은 당으로 전환되어 각 세포로 운반되어 소비되는 과정을 거치는데 인슐린은 혈당이 세포로 운반되도록 도와주는 역할을 한다. 당뇨병 환자의 경우 인슐린이 충분히 생성하지 못하거나 분비가 감소되어 혈당이 세포 속으로 운반되어지지 못하게 되어 소변으로 당이 배설되어진다.

당뇨병은 심한 갈증과 소변을 자주 보게 되며 음식을 많이 섭취하게 된다. 또한 공복감과 피로감, 전신권태의 증상을 느끼게 되고 염증이 호발하며 잘 낫지 않게 된다. 안압이 높아져 시야가 선명하지 않으며 발의 감각이 둔해지고 통증을 느끼게 된다.

당뇨병은 발병 연령과 원인에 의해 1형과 2형으로 구분한다.

표 6-2 당뇨병의 분류

	제 1형 당뇨병 (인슐린의존형, 소아형 당뇨병)	제2형 당뇨병 (인슐린 비의존형, 성인형 당뇨병)
시기	10세 이전, 갑자기 발병	서서히 발병
발생빈도	10-20%	80-90%
인슐린	분비 불능, 부족	분비 정상이나 인슐린 감수성 저하

3

소화기계 질환과 건강

소화불량, 위경련인 위염은 급성과 만성으로 구분되어지며 급성은 주로 음식, 술, 약물, 스트레스 등에 의하여 일회성으로 생긴다. 만성위염은 증상이 없거나 있을 수 있으며 치유되지 않고 진행시 위궤양과 위암으로 진행되는 경우가 있다.

만성위염의 원인은 지속적으로 위에 자극이 가해져 생기는데 술, 담배, 뜨거운 음식, 커피, 스트레스 등으로 상복부에 불쾌감과 복통이 있으며 무겁게 눌리는 느낌이 있으며 가슴이 답답하고 압박감을 동반한다. 체중감소와 구토, 전신권태감과 설사 등의 증세를 나타낸다. 되도록 자극적인 음식을 제한하고 기호식품과 육류 섭취를 제한하여야 한다.

위궤양과 십이지장궤양은 점막의 손상으로 발병하며 주로 헬리코박터 파일로리의 감염, 아스피린같은 소염진통제의 지속적 과다복용, 커피, 술등의 자극적 식품, 역류성 식도염 등이 원인이 된다.

대장과 관련된 질환은 과민성 대장 증후군과 변비를 들 수 있다.

변비는 일주일에 3회 정도의 변을 보지 못하며 배변 시 통증과 규칙적인 배변활동이 이루어지지 못할 때이다. 변비의 진단은 개인적인 기준이 강하며 주원인 대장과 직장의 이상이거나 신경학적인 질환, 당뇨병, 갑상선 기능 저하증, 신부전, 약의 부작용, 스트레스 등이 있다. 변비증상의 완화는 규칙적인 식사와 섬유질 섭취를 증가하고 충분한 식사를 하며 규칙적인 배변 습관을 가지도록 하여야 한다. 약물요법은 의사의 지시를 따르도록 해야 하며 과용 시 약물의존성이 생길 수 있으므로 가능한 운동요법과 식이요법으로 치유하는 것이 좋다. 계속된 변비는 대장용종과 암의 원인이 되므로 정기적으로 대장 내시경 검사를 받아야 한다.

4

심혈관계 질환과 건강

고혈압은 동맥혈압이 정상보다 높은 것으로 혈액량과 말초혈관의 저항에 의해 혈액은 결정된다. 혈액량이 많을수록, 말초혈관의 저항이 클수록 혈압은 높아지며 매우 서서히 진행되는 병으로 자각증상을 느끼지 못하는 경우도 있다.

고혈압의 요인은 유전, 식이, 나이, 성별 환경적요인등 매우 다양한 요인이 상호작용하여 발병하며 명확한 원일을 알 수 없는 고혈압을 본태성 고혈압이라 한다. 같은 말로 일차성 고혈압이란 표현을 사용하며 고혈압 환자의 90 ~ 95% 정도를 차지하며 주로 노인층에서 발병한다.

속발성 고혈압은 이차성 고혈압으로 내분비계질환, 심장질환, 임신중독 등의 원인 질환이나 스테로제, 경구 피임약 등의 약물복용이 원인으로 나타나며 주로 젊은 층에서 발생하며 원인을 치료 시 정상 혈압으로 회복 가능하다.

표 6-3 고혈압의 기준

분류	수축기혈압(심장)	이완기 혈압(심장)
고혈압	〉160mmHg	〉95mmHg
정상	〈140mmHg	〈90mmHg
경계성 고혈압	140 ~ 159mmHg	90 ~ 94mmHg

고혈압은 소금 섭취를 조심하여야 하는데 1일 인체의 필요량은 5g이며 우리나라는 평균 15 ~ 30g의 나트륨을 섭취하는 실정이다.

칼륨은 혈압을 저하시키는 작용을 하며 곡류와 두류, 채소류에 함유되어 있다. 고지방 식이는 동맥경화와 고콜레스테롤 혈증을 유발하여 간접적으로 혈압을 상승시키므로 적당한 지방 식이를 해야 하며 적당한 열량을 섭취하여 비만을 방지해야 한다. 알코올 섭취는 고혈압 환자가 폭탄을 들고 있는 형상과 같이 위험하며 폭음이나 과량의 알코올 섭취는 자제해야 한다.

5 스트레스와 건강

스트레스(stress)의 어원은 물리학에서 사용되어진 말로 물체에 외력을 가하여 물체가 변형된 상태를 뜻한다. 다양하고 복잡해진 사회에서 받는 정신적 불건강 상태는 단순한 의학적 처리 방법으로 치유하기가 어렵기 때문에 그 원인이 되는 요인을 찾아 치유해야만 한다.

스트레스의 종류는 매우 다양하다. 물리학적인 스트레스로 더위, 추위, 소음 등이 있으며 생리적인 스트레스는 과로, 면역 체계에 부담을 주는 감염, 통증 등이다. 사회적·심리적 스트레스는 인간관계, 사회적 불안, 가족 불화, 직장 불만, 학교생활 부적응, 여러 가지 일에 대한 좌절감 등이다. 과도한 스트레스는 건강을 해치지만 적당량의 스트레스는 적당한 활력소가 될수 있으며 생산적인 활동의 자극제가 될 수 있는데 이를 유스트레스(eustress)라 한다. 같은 문제라도 개인이 느끼는 스트레스의 가중치는 개개인마다 다르며 따라서 맞춤식 치료를 해야 치료효과를 볼 수 있다. 분노와 저항의 과정, 불안, 실망, 좌절, 고독, 경쟁심과 질투심등의 감정은 스트레스를 누적화 시키고 건강하지 못한 상태를 이르게 하므로 평소 감정조절과 내면의 힘을 기르는 것으로 스트레스를 적절히 대처해야만 한다.

생체는 중추신경계(中樞神經系), 내분비계(內分泌系), 면역계(免疫系)의 세 가지가 네트워크를 이루고 있으며 중추 신경계는 뇌(腦), 척수(脊髓)를 말하며 몸 전체에 펼쳐져 있는 통신망이다. 중추 신경계는 말초신경에서부터 오는 정보를 받아 그것에 대응하는 지령을 주는 조정 시스템 역할을 한다.

내분비계 내분비계는 호르몬을 분비하는 기관으로 어떤 특정의 장기에 작용하여 생리 반응을 일으킨다. 또한 호르몬은 과잉상태가 되면 내분비계의 작용을 억제하여 체내에서 항상 일정한 상태가 유지시켜 환경변화에 따라 신체 상태를 조절하는 작용을 한다.

면역계는 인체의 외부에서 침입되는 여러 가지 물질에 대하여 자기(自己)와 비자기(非自己)를 식별하며 비자기 물질을 체외로 내보내는 기능을 하는 자기 보호 체계이다. 면역계는 태어나면서 체내에 존재하는 체계와 후천적으로 얻어지는 체계로 되어 있다.

인체는 내·외부에서 스트레스를 받게 되면 세 가지 체계가 정상 상태를 유지하려고 작용을 하는데 스트레스를 받으면 뇌에 있는 시상하부(視床下部)에 전달되어지고 시상하부에서 발견된 정보 지령은 신경계, 혈관계를 거쳐 뇌하수체에 전달된다. 뇌하수체는 내분비계에 지령을 전하여 호르몬을 분비시킨다.

자율신경(自律神經)에는 교감신경(交感神經)과 부교감신경(副交感神經)이 있으며 교감신경은 공격적인 자율신경이고 부교감신경은 평화적인 자율신경이라 할 수 있다. 이들은 상반된 작용을 가지고 있으며 필요에 따라서 서로 보완하는 기능을 갖는다. 자율신경은 인체 내 감정을 조절, 유지하는데 교감신경은 화를 내거나 공포에 빠졌을 때 흥분하여 공격적 태세를 갖는 데 알 맞은 작용을 한다. 교감신경, 부교감신경은 모두 뇌 또는 척수에서 나와 말초까지 분포되어 있다. 과중한 스트레스는 자율신경계의 불균형을 초래하고 심장 뿐 아니라 여러 가지 신체 기관의 이상, 즉, 질환이 유발되기 쉽다. 스트레스의 종류에 따라 차이는 있으나 심장의 박동수가 가장 먼저 달라지는데 흥분, 공포, 불인을 느낄 경우는 심박수가 빨라지고, 각 기관에 혈액 공급량이 많아지며, 혈압이

상승하고, 피부에서도 대사량이 많아지고, 발한이 많아진다. 또 절망, 우울에 빠지면 심박수는 감소하고 혈압이 강하되며 말초기관인 피부는 혈행이 나빠지며 산소나 영양 공급 노폐물 제거 등의 신진 대사 기능이 저하된다.

피부에 장시간 영양 공급, 소모가 균형을 잃게 되면 표피의 수분 탈수가 커져서 피부는 주름살이 생기고 거칠게 만들고 피부 노화를 촉진시킨다. 피부에 영양분이 충분히 공급 될 수 없으면 손톱, 발톱, 머리, 수염 등의 성장이 떨어지게 되고 더 오래 계속되면 모근의 모유두가 줄어들게 되고 탈모 현상이 생기게 된다.

지속적인 분노 등의 스트레스는 부교감신경에 영향을 많이 주어서 소화기관의 유동운동이나 효소 분비 등이 저하되는 반면, 위산 등은 분비가 항진되기 쉽다. 신경성 위염으로 인하여위산분비가 과다해지고 위궤양을 초래한다. 또한 소장의 소화효소 분비도 저하되고, 대장은 수분흡수 저하 등으로 체내의 수분이나 영양 물질의 공급이 원활하지 못하게 된다.

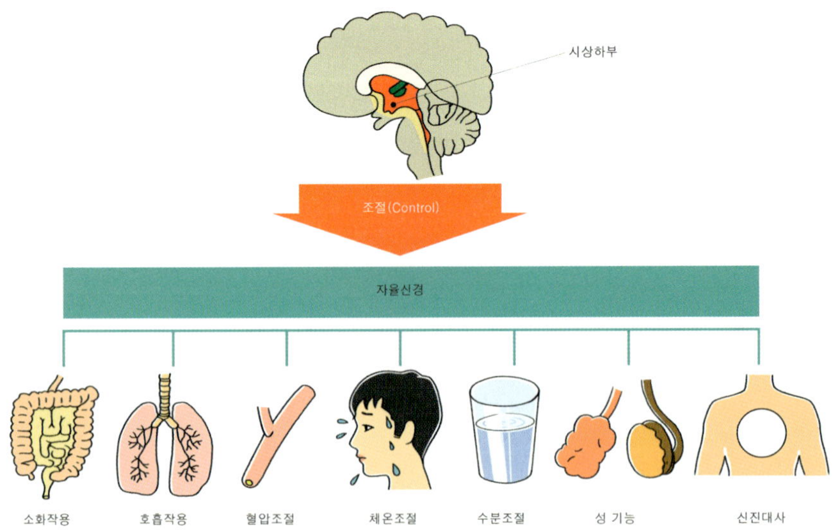

그림 6-1 시상하부에 의한 자율신경조절

부 록

CHAPTER

nutrition & health

1 건강기능식품에 관한 법률 (법률 제 6727호)

제1장 총 칙

제1조(목적) 이 법은 건강기능식품의 안전성 확보 및 품질향상과 건전한 유통·판매를 도모함으로써 국민의 건강증진과 소비자보호에 이바지함을 목적으로 한다.

제2조(책무) ① 국가 및 지방자치단체는 모든 국민이 양질의 건강기능식품과 이에 관한 올바른 정보를 제공 받을 수 있도록 합리적인 정책을 마련하고 건강기능식품을 제조·가공·수입·판매하는 자(이하 "영업자"라 한다)에 대하여 지도 및 관리를 하여야 한다.

② 영업자는 관계법령이 정하는 바에 따라 양질의 건강기능식품을 안전하고 건전하게 공급하여야 한다.

제3조(정의) 이 법에서 사용하는 용어의 정의는 다음 각호와 같다.

1. "건강기능식품"이라 함은 인체에 유용한 기능성을 가진 원료나 성분을 사용하여 정제·캅셀·분말·과립·액상·환 등의 형태로 제조·가공한 식품을 말한다.
2. "기능성"이라 함은 인체의 구조 및 기능에 대하여 영양소를 조절하거나 생리학적 작용 등과 같은 보건용도에 유용한 효과를 얻는 것을 말한다.
3. "표시"라 함은 건강기능식품의 용기·포장(첨부물 및 내용물을 포함한

다. 이하 같다)에 기재하는 문자·숫자 또는 도형을 말한다.

4. “광고”라 함은 라디오·텔레비전·신문·잡지·음성·음향·영상·인터넷·인쇄물·간판 그 밖의 방법에 의하여 건강기능식품에 대한 정보를 나타내거나 알리는 행위를 말한다.

5. “영업”이라 함은 건강기능식품을 판매의 목적으로 제조(가공을 포함한다. 이하 같다) 또는 수입하거나 이를 판매(불특정 다수인에 대한 무상 제공을 포함한다. 이하 같다) 하는 업을 말한다.

제2장 영 업

제4조(영업의 종류 및 시설기준) ① 다음 각호의 1에 해당하는 영업을 하고자 하는 자는 보건복지부령이 정하는 기준에 적합한 시설을 갖추어야 한다.

1. 건강기능식품제조업
2. 건강기능식품수입업
3. 건강기능식품판매업

② 제1항의 규정에 의한 영업의 세부종류와 그 범위는 대통령령으로 정한다.

제5조(영업의 허가 등) ① 제4조 제1항 제1호의 규정에 의한 건강기능식품제조업을 하고자 하는 자는 보건복지부령이 정하는 바에 따라 영업소별로 제4조의 규정에 의한 시설을 갖추고 식품의약품안전청장의 허가를 받아야 한다. 대통령령이 정하는 사항을 변경하고자 하는 때에도 또한 같다.

② 제1항의 규정에 의하여 허가를 받은 자가 그 영업을 폐업하거나 허가받은 사항 중 보건복지부령이 정하는 사항을 변경하고자 하는 때에는 식품의약품안전청장에게 신고하여야 한다.

③ 제1항 및 제2항의 규정에 의한 영업의 허가, 변경허가 및 변경신고의 절차 등에 관하여 필요한 사항은 보건복지부령으로 정한다.

제6조(영업의 신고 등) ① 제4조 제1항 제2호의 규정에 의하여 건강기능식품수입업을 하고자 하는 자는 보건복지부령이 정하는 바에 따라 영업소별로 제4조의 규정에 의한 시설을 갖추고 식품의약품안전청장에게 신고하여야 한다.

② 제4조 제1항 제3호의 규정에 의하여 건강기능식품판매업을 하고자 하는 자는 보건복지부령이 정하는 바에 따라 영업소별로 제4조의 규정에 의한 시설을 갖추고 특별시장·광역시장·도지사(이하 “시·도지사”라 한다)에게 신고하여야 한다.

③ 제1항 및 제2항이 규정에 의하여 신고를 한 자가 그 영업을 폐업하거나 보건복지부령이 정하는 사항을 변경하고자 하는 때에는 제1항의 규정에 의하여 신고한 자는 식품의약품안전청장에게 제2항의 규정에 의하여 신고

한 자는 시·도지사에게 신고하여야 한다.

④ 제1항 내지 제3항의 규정에 의한 영업의 신고 및 변경신고의 절차 등에 관하여 필요한 사항은 보건복지부령으로 정한다.

제7조(품목제조신고 등) ① 제5조 제1항의 규정에 의하여 건강기능식품제조업의 허가를 받은 자가 건강기능식품을 제조하고자 하는 때에는 그 품목의 제조방법설명서 등 보건복지부령이 정하는 사항을 식품의약품안전청장에게 신고하여야 한다. 신고한 사항 중 보건복지부령이 정하는 사항을 변경하고자 하는 때에도 또한 같다.

② 제1항의 규정에 의한 품목제조신고 및 변경신고의 절차 등에 관하여 필요한 사항은 보건복지부령으로 정한다.

제8조(건강기능식품의 수입신고 등) ① 영업상 사용하기 위하여 건강기능식품을 수입하고자 하는 자는 보건복지부령이 정하는 바에 따라 식품의약품안전청장에게 신고하여야 한다.

② 식품의약품안전청장은 보건복지부령이 정하는 사유가 있는 경우에는 제1항의 규정에 의하여 신고된 건강기능식품에 대하여 통관절차 완료 전에 관계공무원 또는 검사기관으로 하여금 필요한 검사를 하게 하여야 한다.

③ 식품의약품안전청장은 제1항의 규정에 의하여 신고된 건강기능식품이 다음 각호의 1에 해당하는 경우에는 제2항의 규정에 불구하고 검사의 전부 또는 일부를 생략 할 수 있다.

1. 제4조, 제14조, 제15조 및 제17조의 규정에 의한 시설기준 및 기준·규격 등에 적합하고, 제18조 및 제23조 내지 제25조의 규정에 의한 광고 및 판매금지 사유에 해당하지 아니 한다고 식품의약품안전청장이 사전에 확인하여 고시(이하 "수입건강기능식품사전확인등록"이라 한다)한 경우
2. 식품위생법 제18조의 규정에 의하여 식품의약품안전청장이 지정한 식품위생검사기관(이하 "검사기관"이라 한다) 또는 식품의약품안전청장이 인정하여 고시한 국외 검사기관에서 검사를 받아 그 검사성적서 또는 검사증명서를 제출하는 경우
3. 그 밖에 제1호 및 제2호에 준하는 사항으로서 보건복지부령이 정하는 사유에 해당하는 경우

④ 제1항의 규정에 의한 수입신고의 절차, 제2항의 규정에 의한 검사의 종류·대상·검사방법 및 제3항의 규정에 의한 수입건강기능식품사전확인등록의 기준·인정절차 등에 관하여 필요한 사항은 보건복지부령으로 정한다.

제9조(영업허가 등의 제한) ① 다음 각호의 1에 해당하는 때에는 제5조 제1항의 규정에 의한 영업허가를 할 수 없다.

1. 제32조 제1항 각호(제9호를 제외한다. 이하 이 조, 제34조 및 제35조에

서 같다)의 규정에 의하여 영업의 허가가 취소된 후 6월이 경과하지 아니한 경우에 그 영업소에서 같은 종류의 영업을 하고자 하는 때. 다만, 영업시설의 전부를 철거하여 영업의 허가가 취소된 경우에는 그러하지 아니한다.

2. 제32조 제1항 각호의 규정에 의하여 영업의 허가가 취소된 후 1년이 경과하지 아니한 자(법인의 경우에는 그 대표자를 포함한다)가 취소된 영업과 같은 종류의 영업을 하고자 하는 때
3. 영업의 허가를 받고자 하는 자(법인의 경우에는 그 대표자를 포함한다)가 금치산자이거나 파산의 선고를 받고 복권되지 아니한 자인 때

② 다음 각호의 1에 해당하는 때에는 제6조 제1항 및 제2항의 규정에 의한 영업의 신고를 할 수 없다.

1. 제32조 제1항 각호의 규정에 의한 영업소의 폐쇄명령을 받은 후 6월이 경과하지 아니한 경우에 그 영업소에서 같은 종류의 영업을 하고자 하는 때. 다만, 영업시설의 전부를 철거하여 영업소가 폐쇄명령을 받은 경우에는 그러하지 아니하다.
2. 제32조 제1항 각호의 규정에 의한 영업소의 폐쇄명령을 받은 후 1년이 경과하지 아니한 자(법인의 경우에는 그 대표자를 포함한다)가 폐쇄명령을 받은 영업과 같은 종류의 영업을 하고자 하는 때
3. 영업의 신고를 하고자 하는 자(법인의 경우에는 그 대표자를 포함한다)가 금치산자이거나 파산의 선고를 받고 복권되지 아니한 자인 때

제10조(영업자의 준수사항) ① 영업자는 건강기능식품의 안전성 확보 및 품질관리와 유통질서 유지 및 국민보건의 증진을 위하여 다음 각호의 사항을 준수하여야 한다.

1. 제조시설과 제품(원재료를 포함한다)을 보건위생상 위해가 없고 안전성이 확보되도록 관리할 것.
2. 유통기한이 경과된 제품은 판매 또는 판매의 목적으로 진열·보관하거나 이를 건강기능식품의 제조에 사용하지 말 것.
3. 부패·변질되거나 폐기된 제품 또는 유통기한이 경과된 제품은 정당한 사유가 없는 한 교환하여 줄 것.
4. 판매사례품 또는 경품제공 등 사행심을 조장하여 제품을 판매하는 행위를 하지 말 것.
5. 그 밖에 제1호 내지 제4호에 준하는 사항으로서 건강기능식품의 안전성 확보 및 품질관리와 국민보건위생의 증진을 위하여 필요하다고 인정하여 보건복지부령으로 정하는 사항

② 건강기능식품제조업자는 보건복지부령이 정하는 바에 의하여 식품의약품안전청장에서 생산실적 등을 보고하여야 한다.

제11조(영업의 승계) ① 영업자가 그 영업을 양도하거나 사망한 때 또는 법인

의 합병이 있는 때에는 그 양수인·상속인 또는 합병 후에 존속하는 법인이나 합병에 의하여 설립되는 법인이 종전의 영업자의 지위를 승계한다.
② 민사집행법에 의한 경매, 파산법에 의한 양도나 국세징수법·관세법 또는 지방세법에 의한 압류재산의 매각 그 밖에 이에 준하는 절차에 따라 영업시설·설비의 전부를 인수한 자는 이 법에 의한 종전의 영업자의 지위를 승계한다.
③ 제1항 또는 제2항의 규정에 의하여 종전의 영업자의 지위를 승계한 자는 1월 이내에 보건복지부령이 정하는 바에 따라 식품의약품안전청장 또는 시·도지사에게 신고하여야 한다.
④ 제9조 제1항 및 제2항의 규정은 제1항 및 제2항의 규정에 의한 승계에 이를 준용한다(다만, 상속인이 제9조 제1항 제3호 또는 동조 제2항 제3호의 규정에 해당하는 경우에는 상속을 받은 날부터 3월 동안은 그러하지 아니하다).

제12조(품질관리인) ① 제5조 제1항의 규정에 의한 건강기능식품제조업의 허가를 받아 영업을 하고자 하는 자는 보건복지부령이 정하는 바에 따라 품질관리인(이하 "품질관리인"이라 한다)을 두어야 한다.
② 품질관리인은 건강기능식품의 제조에 종사하는 자가 이 법 또는 이 법에 의한 명령이나 처분에 위반하지 아니하도록 지도하여야 하며, 제품 및 시설을 위생적으로 관리하여야 한다.
③ 건강기능식품제조업을 하는 자는 제2항의 규정에 의한 품질관리인의 업무를 방해하여서는 아니되며, 그로부터 업무 수행상 필요한 요청을 받은 때에는 정당한 사유가 없는 한 이에 응하여야 한다.
④ 건강기능식품제조업을 하는 자는 품질 관리인을 선임하거나 해임하는 때에는 보건복지부령이 정하는 바에 따라 식품의약품안전청장에게 신고하여야 한다.
⑤ 품질관리인의 자격기준 및 직무 등에 관하여 필요한 사항은 대통령령으로 정한다.

제13조(교육) ① 보건복지부장관은 국민건강상 위해를 방지하기 위하여 필요하다고 인정하는 경우에는 영업자 및 그 종업원에게 건강기능식품의 안전성 확보 및 품질관리에 관한 교육을 받을 것을 명할 수 있다.
② 제4조의 규정에 의한 영업을 하고자 하는 자는 미리 건강기능식품의 안전성 확보 및 품질관리에 관한 교육을 받아야 한다(다만, 보건복지부령이 정하는 사유로 미리 교육을 받을 수 없는 경우에는 영업 개시후 보건복지부장관이 정하는 바에 따라 교육을 받을 수 있다).
③ 제12조의 규정에 의한 품질 관리인으로 선임된 자는 건강기능식품의 안전성 확보, 품질관리 등에 관한 교육을 정기적으로 받아야 한다.

④ 제1항의 규정에 의하여 교육을 받아야 하는 자 중 2 이상의 장소에서 영업을 하고자 하는 자 또는 보건복지부령이 정하는 사유로 교육을 받을 수 없는 자에 대하여는 그 종업원 중 책임자를 지정하여 교육을 받게 할 수 있다.

⑤ 제1항 내지 제3항의 규정에 의한 교육의 실시기관, 내용, 소요경비의 징수 등에 관하여 필요한 사항은 보건복지부령으로 정한다.

제3장 기준 및 규격과 표시·광고 등

제14조(기준 및 규격) ① 식품의약품안전청장은 판매를 목적으로 하는 건강기능식품의 제조·사용 및 보존 등에 관한 기준과 규격을 정하여 고시한다.

② 식품의약품안전청장은 제1항의 규정에 의하여 기준과 규격이 고시되지 아니한 식품의 기준과 규격에 대하여는 제5조 제1항 또는 제6조 제1항의 규정에 의한 영업자로 하여금 당해 식품의 기준·규격, 안전성 및 기능성 등에 관한 자료를 제출하게 하여 검사기관의 검사를 거쳐 건강기능식품의 기준과 규격으로 인정할 수 있다.

③ 수출을 목적으로 하는 건강기능식품의 기준 및 규격은 제1항 및 제2항의 규정에 불구하고 수입자가 요구하는 기준 및 규격에 의할 수 있다.

④ 제2항의 규정에 의한 인정기준·방법 및 절차 등에 관하여 필요한 사항은 식품의약품안전청장이 정한다.

제15조(원료 등의 인정) ① 식품의약품안전청장은 판매를 목적으로 하는 건강기능식품의 원료 또는 성분을 정하여 고시한다.

② 식품의약품안전청장은 제1항의 규정에 의하여 고시되지 아니한 건강기능식품의 원료 또는 성분에 대하여는 제5조 제1항 또는 제6조 제1항의 규정에 의한 영업자로부터 당해 원료 또는 성분의 안전성 및 기능성 등에 관한 자료를 제출받아 검토한 후 건강기능식품에 사용할 수 있는 원료 또는 성분으로 인정할 수 있다.

③ 제2항의 규정에 의한 인정기준·방법 및 절차 등에 관하여 필요한 사항은 식품의약품안전청장이 정한다.

제16조(기능성 표시·광고의 심의) ① 건강기능식품의 기능성 표시·광고를 하고자 하는 자는 식품의약품안전청장이 정한 건강기능식품 표시·광고심의 기준, 방법 및 절차에 따라 심의를 받아야 한다.

② 식품의약품안전청장은 제1항의 규정에 의한 건강기능식품의 기능성 표시·광고심의에 관한 업무를 제28조의 규정에 의하여 설립된 단체에 위탁할 수 있다.

제17조(표시기준) ① 건강기능식품의 용기·포장에는 다음 각호의 사항을 표시하여야 한다.

1. 건강기능식품이라는 표시
2. 기능성분 또는 영양소 및 그 영양권장량에 대한 비율(영양권장량이 설정된 것에 한한다)
3. 섭취량 및 섭취방법, 섭취시 주의사항
4. 유통기한 및 보관방법
5. 질병의 예방 및 치료를 위한 의약품이 아니라는 내용의 표현
6. 그 밖에 식품의약품안전청장이 정하는 사항

② 제1항의 규정에 의한 표시방법 등에 관하여 필요한 사항은 식품의약품안전청장이 정하여 고시한다.

제18조(허위·과대의 표시·광고 금지) ① 영업자는 건강기능식품의 명칭, 원재료, 제조방법, 영양소, 성분, 사용방법, 품질 등에 관하여 다음 각호에 해당하는 허위·과대의 표시·광고를 하여서는 아니된다.

1. 질병의 예방 및 치료에 효능·효과가 있거나 의약품으로 오인·혼동할 우려가 있는 내용의 표시·광고
2. 사실과 다르거나 과장된 표시·광고
3. 소비자를 기만하거나 오인·혼동시킬 우려가 있는 표시·광고
4. 의약품의 용도로만 사용되는 명칭(한약의 처방명을 포함한다)의 표시·광고
5. 제16조 제1항의 규정에 의하여 심의를 받지 아니하거나 심의 받은 내용과 다른 내용의 표시·광고

② 제1항의 규정에 의한 허위·과대의 표시·광고의 범위 등에 관하여 필요한 사항은 보건복지부령으로 정한다.

제19조(건강기능식품의 공전) 식품의약품안전청장은 제14조의 규정에 의하여 정하여진 건강기능식품의 기준·규격과 제15조의 규정에 의하여 정하여진 원료·성분 및 제17조의 규정에 의하여 정하여진 표시기준을 수록한 건강기능식품의 공전(公典)을 작성·보급하여야 한다.

제4장 검사 등

제20조(출입·검사·수거 등) ① 식품의약품안전청장(대통령령이 정하는 그 소속기관의 장을 포함한다) 또는 시·도지사는 필요하다고 인정하는 때에는 영업자 또는 그 밖의 관계인에 대하여 필요한 보고를 하게 하거나 관계공무원으로 하여금 영업장소·사무소·창고·제조소·저장소·판매소 또는 그 밖에 이와 유사한 장소에 출입하여 판매를 목적으로 히거나 영업에 사

용하는 원재료·제품·용기·포장 또는 제조·영업시설 등을 검사하게 하거나 검사에 필요한 최소량의 원재료, 제품, 용기·포장 등을 무상으로 수거하게 할 수 있으며, 필요에 따라 영업 관계의 장부나 서류를 열람하게 할 수 있다.
② 제1항의 규정에 의하여 출입·검사·수거 또는 열람을 하고자 하는 관계공무원은 그 권한을 나타내는 증표를 지지고 이를 관계인에게 내보여야 한다.

제21조(자가품질검사의 의무) ① 제5조 제1항의 규정에 의하여 건강기능식품제조업의 허가를 받은 자는 보건복지부령이 정하는 바에 따라 그가 제조하는 건강기능식품이 제14조의 규정에 의한 기준 및 규격에 적합한지의 여부에 관하여 검사하고 그 기록을 보존하여야 한다.
② 식품의약품안전청장은 제1항의 규정에 의하여 검사를 하여야 하는 자가 직접 검사하기 적합하지 아니한 때에는 검사기관에 위탁하여 검사하게 할 수 있다.
③ 제1항 및 제2항의 규정에 의한 검사항목, 검사절차 등에 관하여 필요한 사항은 보건복지부령으로 정한다.

제5장 우수건강기능식품제조기준 등

제22조(우수건강기능식품제조기준 등) ① 식품의약품안전청장은 우수한 건강기능식품의 제조 및 품질관리를 위하여 우수건강기능식품제조 및 품질관리기준(이하 "우수건강기능식품제조기준"이라 한다)을 정하여 이를 고시할 수 있다.
② 식품의약품안전청장은 제5조 제1항의 규정에 의하여 건강기능식품제조업의 허가를 받은 자가 제1항의 규정에 의한 우수건강기능식품제조기준을 준수하는 경우에는 우수건강기능식품제조기준적용업소로 지정하여 고시할 수 있다.
③ 우수건강기능식품제조기준적용업소의 지정절차, 영업자 및 그 종업원에 대한 교육훈련 등에 관하여 필요한 사항은 보건복지부령으로 정한다.
④ 식품의약품안전청장은 우수건강기능식품제조기준적용업소가 다음 각 호의 1에 해당하는 때에는 그 지정을 취소하거나 시정을 명할 수 있다.
1. 우수건강기능식품제조기준을 준수하지 아니한 때
2. 제32조의 규정에 의하여 영업정지 이상의 행정처분을 받은 때
3. 영업자 및 종업원이 제3항의 규정에 의한 교육훈련을 받지 아니한 때
4. 그 밖에 우수건강기능식품제조기준적용업소를 효율적으로 관리하기 위하여 필요하다고 인정하여 보건복지부령이 정하는 사항을 준수하지 아니한 때

⑤ 우수건강기능식품제조기준적용업소로 지정받지 아니한 자는 우수건강기능식품제조기준적용업소라는 명칭이나 이와 유사한 내용을 표시·광고하여서는 안된다.
⑥ 식품의약품안전청장은 우수건강기능식품제조기준적용업소에 대하여 보건복지부령이 정하는 일정기간 동안 제20조의 규정에 의한 출입·검사를 하지 아니하거나 영업시설 개선을 위한 융자 지원 등을 할 수 있다.
⑦ 제3항의 규정에 의한 교육훈련 등의 업무에 소요되는 경비는 교육훈련 대상자로부터 징수할 수 있다.

제6장 판매 등의 금지

제23조(위해 건강기능식품 등의 판매 등의 금지) 다음 각호의 1에 해당하는 건강기능식품을 판매하거나 판매할 목적으로 제조·수입·사용·저장 또는 운반하거나 진열하지 못한다.

1. 썩었거나 상한 것으로서 인체의 건강을 해할 우려가 있는 것
2. 유독·유해물질이 들어 있거나 묻어 있는 것 또한 그 염려가 있는 것. 다만, 인체의 건강을 해할 우려가 없다고 식품의약품안전청장이 인정하는 것은 예외로 한다.
3. 병원미생물에 오염되었거나 그 염려가 있어 인체의 건강을 해할 우려가 있는 것
4. 불결하거나 다른 물질의 혼입 또는 첨가 그 밖의 사유로 인체의 건강을 해할 우려가 있는 것
5. 제5조 제1항의 규정에 의하여 영업허가를 받아야 하는 경우에 허가를 받지 아니한 자가 제조한 것
6. 수입이 금지된 것 또는 제8조의 규정에 의하여 손질신고를 하여야 하는 경우에 신고를 하지 아니하고 수입한 것

제24조(기준·규격위반 건강기능식품의 판매 등의 금지) ① 영업자는 제14조 제1항 및 제2항의 규정에 의하여 기준과 규격이 정하여진 건강기능식품을 그 기준에 의하여 제조·사용·보존하여야 하며, 그 기준과 규격에 맞지 아니하는 건강기능식품을 판매하기니 판매의 목적으로 세소·수입·사용·저장·운반·보존 또는 진열하여서는 안된다.
② 영업자는 의약품의 용도로만 사용되는 원료를 사용하거나 배합·혼합비율·함량이 의약품과 같거나 유사한 건강기능식품을 제조하거나 그러한 건강기능식품을 손질·판매 또는 진열하여서는 안된다.
③ 제2항의 규정에 의한 의약품의 용도로만 사용되는 원료 및 유사한 건강기능식품 등에 관한 구체적인 기준과 범위는 식품의약품안전청장이 정한다.

제25조(표시기준 위반 건강기능식품의 판매 등의 금지) 영업자는 제17조의 규정에 의한 표시기준을 위반한 건강기능식품을 판매하거나 판매의 목적으로 제조·수입·진열·운반 또는 사용하여서는 안된다.

제26조(유사표시 등의 금지) 건강기능식품이 아닌 것은 그 용기·포장에 인체의 구조 및 기능에 대한 식품영양학적·생리학적 기능 및 작용 등이 있는 것으로 오인될 우려가 있는 표시를 하거나 이와 같은 내용의 광고를 하여서는 안되며, 이와 같은 건강기능식품과 유사하게 표시되거나 광고되는 것을 판매하거나 판매의 목적으로 저장 또는 진열하여서는 안된다.

제7장 건강기능식품심의위원회 및 단체설립

제27조(건강기능식품심의위원회) ① 보건복지부장관 또는 식품의약품안전청장의 자문에 응하여 다음 사항을 조사·심의하기 위하여 보건복지부에 건강기능식품심의위원회를 둔다.

1. 건강기능식품의 정책에 관한 사항
2. 건강기능식품의 기준·규격에 관한 사항
3. 건강기능식품의 표시·광고에 관한 사항
4. 그 밖에 건강기능식품에 관한 중요사항

② 건강기능식품의 기준·규격 및 표시·광고 등에 관한 조사·연구를 하기 위하여 건강기능식품심의위원회에 연구위원을 둘 수 있다.

③ 제1항 및 제2항의 규정에 의한 건강기능식품심의위원회의 구성 및 운영 등에 관하여 필요한 사항은 대통령령으로 정한다.

제28조(단체설립) ① 영업자는 당해 영업의 건전한 발전을 도모함으로써 건강기능식품의 안전성확보 및 품질향상과 국민보건증진에 이바지하기 위하여 대통령령이 정하는 영업의 종류별로 단체를 설립할 수 있다.

② 단체는 법인으로 한다.

③ 단체를 설립하고자 하는 경우에는 대통령령이 정하는 바에 의하여 회원의 자격이 있는 자의 10분의 1(20인을 초과하는 때에는 20인) 이상의 발기인이 정관을 작성하여 보건복지부장관의 설립인가를 받아야 한다.

제8장 시정명령·허가취소 등 행정제재

제29조(시정명령) 식품의약품안전청장 또는 시·도지사는 이 법을 지키지 안하는자에 대하여 필요하다고 인정하는 때에는 그 시정을 명할 수 있다.

제30조(폐기처분 등) ① 식품의약품안전청장 또는 시·도지사는 영업자가 제23조 내지 제26조의 규정에 위반한 때에는 관계공무원으로 하여금 그 건강기능식품을 압류 또는 폐기하게 하거나 영업자에게 식품위생상의 위해를 제거하기 위한 조치를 할 것을 명할 수 있다.

② 식품의약품안전청장 또는 시·도지사는 제5조 제1항의 규정에 의하여 영업허가를 받아야 하는 경우에 허가를 받지 아니하고 제조한 건강기능식품이나 이에 사용한 기구 또는 용기·포장 등을 관계공무원으로 하여금 압류 또는 폐기하게 할 수 있다.

③ 식품의약품안전청장 또는 시·도지사는 위생상의 위해가 발생하였거나 발생할 우려가 있다고 인정되는 때에는 영업자에 대하여 유통중인 당해 건강기능식품을 회수·폐기하게 하거나 당해 건강기능식품의 원료, 제조방법, 성분 또는 그 배합비율을 변경할 것을 명할 수 있다.

④ 제1항 및 제2항의 규정에 의한 압류 또는 폐기를 하는 경우에 관계공무원은 그 권한을 표시하는 증표를 지니고 이를 관계인에게 내보여야 한다.

⑤ 제1항 및 제2항의 규정에 의한 압류 또는 폐기에 관하여 필요한 사항과 제3항의 규정에 의한 회수대상 건강기능식품에 해당하는 기준 등에 관하여 필요한 사항은 보건복지부령으로 정한다.

제31조(시설의 개수명령 등) ① 식품의약품안전청장 또는 시·도지사는 영업자에 대하여 그 영업시설이 제4조 제1항의 규정에 의한 시설기준에 적합하지 아니한 때에는 기간을 정하여 시설의 개수를 명할 수 있다.

② 건축물의 소유자와 영업자 등이 다른 경우 건축물의 소유자는 제1항의 규정에 의한 명령에 따른 시설의 개수에 최대한 협조하여야 한다.

제32조(영업허가취소 등) ① 식품의약품안전청장 또는 시·도지사는 영업자가 다음 각호의 1에 해당하는 때에는 대통령령이 정하는 바에 의하여 영업허가를 취소하거나 6월 이내의 기간을 정하여 그 영업의 전부 또는 일부를 정지하거나, 영업소의 폐쇄(제6조의 규정에 의하여 신고한 영업에 한한다. 이하 이 조에서 같다)를 명할 수 있다.

1. 제5조 제1항 후단, 제7조 제1항 전단, 제8조 제1항, 제10조 제1항 각호(제1호 및 제5호를 제외한다) 또는 제11조 제3항의 규정을 위반한 때
2. 제12조 제1항의 규정을 위반한 때
3. 제18조 제1항의 규정을 위반한 때
4. 제21조의 규정에 의한 자가품질검사를 실시하지 아니한 때
5. 제22조 제5항의 규정을 위반한 때
6. 제23조, 제24조 제1항·제2항, 제25조 또는 제26조의 규정에 의한 판매 등의 금지나 유사표시 등의 금지를 위반한 때
7. 제29조, 제30조 제1항·제3항, 제31조 제1항 또는 제33조 제1항의 규정에 의한 명령에 위반한 때

8. 영업의 정지명령에 위반하여 계속 영업을 하는 때

9. 영업자가 정당한 사유 없이 계속하여 6월 이상 휴업하는 때

② 제1항의 규정에 의한 행정처분의 세부적인 기준은 그 위반행위의 유형과 위반의 정도 등을 고려하여 보건복지부령으로 정한다.

제33조(품목의 제조정지 등) ① 식품의약품안전청장은 영업자가 제18조 제1항, 제21조 제1항, 제23조, 제24조 제1항·제2항, 제25조 또는 제26조의 규정에 위반하는 때에는 대통령령이 정하는 바에 의하여 6월 이내의 기간을 정하여 당해 품목 또는 품목류(제14조의 규정에 의하여 정하여진 건강기능식품의 기준 및 규격 중 동일한 기준 및 규격을 적용받아 제조되는 모든 품목을 말한다. 이하 같다)의 제조정지를 명할 수 있다.

② 제1항의 규정에 의한 행정처분의 세부적인 기준은 그 위반행위의 유형과 위반의 정도 등을 고려하여 보건복지부령으로 정한다.

제34조(행정제재처분효과의 승계) 영업자가 그 영업을 양도하거나 법인의 합병이 있는 때에는 종전의 영업자에 대하여 제32조 제1항 각호 또는 제33조 제1항의 위반을 사유로 행한 행정제재처분의 효과는 그 처분기간이 만료된 날부터 1년간 양수인 또는 합병 후 존속하는 법인에게 승계되며, 행정제재처분의 절차가 진행 중인 때에는 양수인 또는 합병 후 존속하는 법인에 대하여 행정제재처분의 절차를 속행할 수 있다.

제35조(폐쇄조치 등) ① 식품의약품안전청장 또는 시·도지사는 제5조 제1항 전단 또는 제6조 제1항 및 제2항의 규정에 위반하여 허가를 받지 아니하거나 신고를 하지 아니하고 영업을 하는 때 또는 제32조 제1항 각호의 규정에 의하여 허가가 취소되거나 영업소의 폐쇄명령을 받은 후에 계속하여 영업을 하는 때에는 관계공무원으로 하여금 당해 영업소를 폐쇄하기 위하여 다음의 조치를 하게 할 수 있다.

1. 당해 영업소의 간판 그 밖의 영업표식물의 제거·삭제
2. 당해 영업소가 적법한 영업소가 아님을 알리는 게시문 등의 부착
3. 당해 영업소의 시설물 그 밖에 영업에 사용하는 기구 등을 사용할 수 없게 하는 봉인

② 식품의약품안전청장 또는 시·도지사는 제1항 제3호의 규정에 의한 봉인을 한 후 봉인을 계속할 필요가 없다고 인정되거나 당해 영업자 또는 그 대리인이 당해 영업소를 폐쇄할 것을 약속하거나 그 밖의 정당한 사유를 들어 봉인의 해제를 요청하는 때에는 봉인을 해제할 수 있다. 제1항 제2호의 규정에 의한 게시문 등의 경우에도 또한 같다.

③ 식품의약품안전청장 또는 시·도지사는 제1항의 규정에 의한 조치를 하고자 하는 경우에는 미리 이를 당해 영업자 또는 그 대리인에게 서면으로 알려주어야 한다. 다만, 보건복지부령이 정하는 사유가 있는 경우에는 그

러하지 아니하다.

④ 제1항의 규정에 의한 조치는 그 영업을 할 수 없게 하기 위하여 필요한 최소한의 범위에 그쳐야 한다.

⑤ 제1항의 경우에 관계공무원은 그 권한을 표시하는 증표를 지니고 이를 관계인에게 내보여야 한다.

제36조(청문) 식품의약품안전청장 또는 시·도지사는 제32조 제1항의 규정에 의한 영업허가의 취소나 영업소의 폐쇄에 해당하는 처분을 하고자 하는 경우에는 청문을 실시하여야 한다.

제37조(과징금 처분) ① 식품의약품안전청장 또는 시·도지사는 영업자가 제32조 제1항 각호(제8호 및 제9호를 제외한다) 또는 제33조 제1항에 해당하는 때에는 대통령령이 정하는 바에 의하여 영업정지, 품목제조정지 또는 품목류제조정지처분에 갈음하여 2억원 이하의 과징금을 부과할 수 있다. 다만, 제5조 제1항 후단, 제10조 제1항, 제18조 제1항, 제23조 제1항 및 제2항, 제25조 또는 제26조의 규정에 위반하여 제32조 제1항 또는 제33조 제1항에 해당하는 경우 중 보건복지부령이 정하는 경우를 제외한다.

② 제1항의 규정에 의한 과징금을 부과하는 위반행위의 종별·정도 등에 따른 과징금의 금액 등에 관하여 필요한 사항은 대통령령으로 정한다.

③ 식품의약품안전청장 또는 시·도지사는 제1항의 규정에 의한 과징금을 기한 이내에 납부하지 아니하는 때에는 제1항의 규정에 의한 과징금처분을 취소하고 제32조 또는 제33조의 규정에 의한 영업정지 등의 행정처분을 하여야 한다.

④ 제1항의 규정에 의하여 징수한 과징금중 식품의약품안전청장이 부과·징수한 과징금은 국가에 귀속되고, 시·도지사가 부과·징수한 과징금은 시·도의 식품진흥기금(식품위생법 제71조의 규정에 의한 식품진흥기금을 말한다)에 귀속된다.

⑤ 시·도지사는 제41조의 규정에 의하여 시장·군수 또는 구청장에게 제1항의 규정에 의한 과징금의 부과·징수권한을 위임한 경우에는 그 소요경비를 대통령령이 정하는 바에 의하여 시장·군수 또는 구청장에게 교부할 수 있다.

제9장 보 칙

제38조(다른 법률과의 관계) ① 이 법에서 규정되지 아니한 건강기능식품에 사용하는 식품첨가물은 식품위생법 제7조에 의한 식품첨가물의 기준 및 규격을, 건강기능식품의 재검사에 관한 사항은 동법 제17조의 2에 의한 식품 등의 재검사의 규정을 건강기능식품검사기관의 지정에 관한 사항은 동

법 제18조에 의한 식품위생검사기관의 지정 규정을, 건강기능식품위생감시원은 동법 제20조에 의한 식품위생감시원의 규정을 명예건강기능식품위생감시원은 동법 제20조의 2에 의한 명예식품위생감시원의 규정을 건강진단은 동법 제26조에 의한 건강진단의 규정을 건강기능식품의 자진회수에 관한 사항은 동법 제31조의 2에 의한 식품 등의 자진회수의 규정을 위해요소중점관리기준에 관한 사항은 동법 제32조의 2에 의한 위해요소중점관리기준의 규정을 공표에 관한 사항은 동법 제56조의 2에 의한 공표의 규정을 식중독에 관한 조사 보고에 관한 사항은 동법 제67조에 의한 식중독에 관한 조사보고의 규정을 준용한다.

② 제1항의 규정에 의하여 식품위생법을 준용하는 규정을 위반한 경우에는 동법 제55조의 규정에 의한 시정명령, 동법 제56조의 규정에 의한 폐기처분 등, 동법 제58조의 규정에 의한 허가의 취소 등 및 동법 제59조의 규정에 의한 품목의 제조정지 등의 처분을 할 수 있으며, 동법 제75조, 제78조 내지 제80조의 규정에 의하여 처벌할 수 있다.

제39조(국고보조) 보건복지부장관 또는 식품의약품안전청장은 예산의 범위 안에서 다음의 경비의 전부 또는 일부를 보조할 수 있다.

1. 제20조 제1항의 규정에 의한 건강기능식품 등의 수거에 소요되는 비용
2. 제22조 제6항의 규정에 의한 우수건강기능식품제조기준적용업소의 영업시설에 대한 융자 지원
3. 건강기능식품의 품질향상, 허위·과대의 표시·광고 예방, 연구·개발의 진흥 등에 소요되는 경비
4. 건강기능식품의 안전성 제고를 위한 민간단체의 활동에 소요되는 경비의 지원

제40조(포상금 지급) 식품의약품안전청장 또는 시·도지사는 제5조 제1항, 제6조 제1항·제2항 또는 제23조 내지 제26조의 규정 등을 위반한 자를 관계행정관청이나 수사기관에 신고 또는 고발한 자에 대하여 보건복지부령이 정하는 기준에 따라 포상금을 지급할 수 있다.

제41조(권한의 위임·위탁) ① 식품의약품안전청장은 이 법에 의한 권한의 일부를 대통령령이 정하는 바에 의하여 지방식품의약품안전청장에게 위임하거나 국립검역소장에게 위탁할 수 있다.

② 시·도지사는 이 법에 의한 권한의 일부를 대통령령이 정하는 바에 의하여 시장·군수·구청장에게 위임할 수 있다.

③ 보건복지부장관 또는 식품의약품안전청장은 이 법에 의한 권한의 일부를 대통령령이 정하는 바에 의하여 제28조의 규정에 의한 단체에게 위탁할 수 있다.

제42조(수수료 등) 다음 각호의 1에 해당하는 허가·신고·신청·검사 등을 하

고자 하는 자는 보건복지부령으로 정하는 바에 따라 수수료를 납부하여야 한다.

1. 제5조 제1항의 규정에 의한 영업허가·변경허가 또는 동조 제2항의 규정에 의한 변경신고
2. 제6조 제1항 내지 제3항의 규정에 의한 영업신고 또는 변경신고
3. 제7조의 규정에 의한 품목제조신고 또는 변경신고
4. 제8조 제1항 내지 제3항의 규정에 의한 손질신고, 검사 또는 손질건강기능식품 사전확인등록 신청
5. 제14조 제2항 또는 제15조 제2항의 규정에 의한 기준·규격 및 원료 등의 인정을 위한 검사
6. 제16조 제1항의 규정에 의한 기능성표시·광고 심의 신청
7. 제21조 제2항의 규정에 의한 자가품질검사의 위탁 검사
8. 제22조 제2항의 규정에 의한 우수건강기능식품제조기준적용업소의 지정 신청

제10장 벌 칙

제43조(벌칙) 제5조 제1항 및 제23조의 규정을 위반한 자는 7년 이하의 징역 또는 1억원 이하의 벌금에 처한다. 이 경우 징역과 벌금을 병과할 수 있다.

제44조(벌칙) 다음 각호의 1에 해당하는 자는 5년 이하의 징역 또는 5천만원 이하의 벌금에 처한다. 이 경우 징역과 벌금을 병과할 수 있다.

1. 제6조 제1항 또는 제2항의 규정에 의해 영업신고를 하지 아니하고 영업을 한 자
2. 제7조 제1항 전단의 규정에 의한 품목제조신고를 하지 아니하고 제품을 제조·판매한자
3. 제10조 제1항 제4호의 규정에 위반하여 판매한 자
4. 제18조 제1항의 규정에 위반하여 허위·과대의 표시·광고를 한 자
5. 제21조 제1항의 규정에 의한 자기품질검사를 실시하지 아니한 자
6. 제22조 제5항의 규정에 위반하여 표시·광고한자
7. 제24조 내지 제26조의 규정에 위반하여 판매 등을 한 자
8. 제29조 또는 제30조 제1항 및 제3항의 규정에 의한 명령을 이행하지 아니한 자
9. 제32조 제1항의 규정에 의한 영업정지명령에 위반한 자

제45조(벌칙) 다음 각호희 1에 해당하는 자는 3년 이하의 징역 또는 3천만원 이하의 벌금에 처한다.

1. 제4조의 규정에 의한 시설기준을 위반한 영업자

2. 제10조 제1항 제2호 및 제3호의 규정에 의한 영업자가 지켜야 할 사항을 지키지 아니한 자
3. 제11조 제3항의 규정에 의한 영업승계의 신고를 하지 아니한 자
4. 제12조 제1항의 규정에 의한 품질관리인을 고용하지 아니한 자
5. 제20조 제1항의 규정에 의한 출입·검사·수거를 거부·방해·기피한 자
6. 제30조 제2항의 규정에 의한 압류·폐기를 거부·방해·기피한 자
7. 제33조 제2항의 규정에 의한 품목제조정지 등의 명령을 위반한 자
8. 제35조의 규정에 의한 관계공무원이 부착한 봉인·게시문 등을 함부로 제거하거나 손상한 자

제46조(양벌규정) 법인의 대표자, 법인 또는 개인의 대리인·사용인 그 밖의 종업원이 그 법인 또는 개인의 업무에 관하여 제43조 내지 제45조의 위반행위를 한 때에는 그 행위자를 벌하는 외에 그 법인이나 개인에 대하여도 해당 각 조의 벌금형을 과한다.

제47조(과태료) ① 다음 각호의 1에 해당하는 자에 대하여는 300만원 이하의 과태료에 처한다.
1. 제5조 제2항의 규정에 의한 허가사항변경신고를 하지 아니한 자
2. 제6조 제3항의 규정에 의한 신고사항변경신고를 하지 아니한 자
3. 제7조 제1항 후단의 규정에 의한 품목제조신고사항변경신고를 하지 아니한 자
4. 제10조 제1항 제1호 및 제5호의 규정에 의한 영업자가 지켜야 할 사항을 지키지 아니한 자 또는 동조 제2항의 규정에 위반한 자
5. 제12조 제3항의 규정에 의한 품질관리인의 업무를 방해하거나 동조 제4항의 규정에 의한 품질관리인 선임·해임 신고를 하지 아니한 자
6. 제13조 제1항 내지 제3항의 규정에 의한 교육을 받지 아니한 자
7. 제21조 제1항의 규정에 의한 자가품질검사를 실시하고 그 기록을 보존하지 아니하거나 허위로 기록한 자
8. 제31조 제1항의 규정에 의한 시설의 개수명령을 이행하지 아니한 자

② 제1항의 규정에 의한 과태료는 대통령령이 정하는 바에 의하여 식품의약품안전청장 또는 시·도지사가 부과·징수한다.

③ 제2항의 규정에 의한 과태료 처분에 불복이 있는 자는 그 처분의 고지를 받은 날부터 30일 이내에 식품의약품안전청장 또는 시·도지사에게 이의를 제기할 수 있다.

④ 제2항의 규정에 의한 과태료 처분을 받은 자가 제3항의 규정에 의하여 이의를 제기한 때에는 식품의약품안전청장 또는 시·도지사는 지체없이 관할 법원에 그 사실을 통보하여야 하며, 그 통보를 받은 관할 법원은 비송사건절차법에 의한 과태료의 재판을 한다.

⑤ 제3항의 규정에 의한 기간 이내에 이의를 제기하지 아니하고 과태료를

납부하지 아니한 때에는 국세체납처분 또는 지방세체납처분의 예에 의하여 이를 징수한다.

제48조(과태료에 관한 규정적용의 특례) 제47조의 과태료에 관한 규정을 적용함에 있어서 제37조의 규정에 의하여 과징금을 부과한 행위에 대하여는 과태료를 부과할 수 없다.

부 칙

제1조(시행일) 이 법은 공포후 1년이 경과한 날부터 시행한다.

제2조(건강기능식품제조업의 허가 등에 관한 경과조치) ① 이 법 시행당시 식품위생법 제22조 제5항의 규정에 의하여 식품제조·가공업의 신고를 한 자가 제14조 제1항의 규정에 의한 기준·규격의 건강기능식품을 제조하는 경우에는 이 법에 의한 건강기능식품제조업의 영업자로 본다. 이 경우 이 법 시행후 6월 이내에 제5조의 규정에 의하여 식품의약품안전청장의 허가를 받아야 하되, 수수료는 면제한다.

② 제1항 전단의 규정에 의한 영업자가 이 법 시행 당시 식품위생법 제22조 제6항의 규정에 의하여 제조 보고한 품목이 제14조 제1항의 규정에 의한 기준·규격의 건강기능식품에 해당하는 경우에는 계속하여 제조·판매할 수 있다. 이 경우 이 법 시행 후 6월 이내에 제7조의 규정에 의한 품목의 제조방법설명서 등 보건복지부령이 정하는 구비서류를 갖추어 식품의약품안전청장에게 신고하여야 하되, 수수료는 면제한다.

제3조(건강기능식품수입업의 신고에 관한 경과조치) 이 법 시행 당시 식품위생법 제16조 제1항의 규정에 의하여 식품등 수입판매업의 신고를 한 자가 제14조 제1항의 규정에 의한 기준·규격의 건강기능식품을 수입·판매하는 경우에는 이 법에 의한 건강기능식품수입업의 영업자로 본다. 이 경우 이 법 시행 후 6월 이내에 제6조의 제1항의 규정에 의하여 식품의약품안전청장에게 신고하여야 하되, 수수료는 면제한다.

제4조(영업허가가 취소된 자 등에 관한 경과조치) 이 법 시행 전에 식품위생법에 의하여 허가취소 또는 패쇄 명령을 받은 자에 대한 허가 또는 신고제한기한은 식품위생법의 규정에 의한다.

제5조(벌칙 및 과태료에 관한 경과조치) 이 법 시행 전의 행위에 대한 벌칙 또는 과태료의 적용에 있어서는 식품위생법의 규정에 의한다.

제6조(처분 등에 관한 경과조치) 이 법 시행 전에 식품위생법에 의하여 행하여진 처분·신청·신고·보고 그 밖의 행정기관에 대한 행위는 이 법의 규정에 의하여 행한 처분·신청·보고 그 밖의 행정기관에 대한 행위로 본다.

제7조(단체에 관한 경과조치) 이 법 시행 당시 식품위생법 제44조의 규정에 의하여 설립된 동업자 조합 중 제28조의 규정에 해당하는 단체는 이 법에 의하여 설립된 것으로 본다.

제8조(다른 법령과의 관계) 이 법 시행 당시 다FMS 법령에서 식품위생법의 규정을 인용하고 있는 경우에 이 법 중에 그에 해당하는 규정이 있으면 종전의 규정에 갈음하여 이 법 또는 이 법의 해당 규정을 인용한 것으로 본다.

제9조(다른 법률의 개정) ① 식품위생법 중 다음과 같이 개정한다.

제71조 제2항 제2호 중 "제65조"를 "제65조 및 건강기능식품에관한법률 제37조" 로 하고, 동조 제3항 제1호중 "營業者"를 "영업자(건강기능식품에 관한법률에 의한 영업자를 포함한다)"로 하며, 동항 제7호 중 "食品衛生 및 國民營養"을 "식품위생, 국민영양 및 건강기능식품"으로 한다.

② 공업배치및공장설립에관한법률 중 제16조 제6항에 제13호의 2를 다음과 같이 신설한다.

13의 2. 건강기능식품에관한법률 제5조의 규정에 의한 건강기능제조업의 허가

③ 유통산업발전법 중 제10조 제1항에 제3호의 2를 다음과 같이 신설한다.

3의2. 건강기능식품에관한법률 제5조의 규정에 의한 건강기능제조업 또는 동법 제6조의 규정에 의한 건강기능식품판매업

④ 보건범죄단속에관한 특별조치법을 다음과 같이 개정한다.

제2조 제1항 각호 외의 부분 중 "이미 許可 또는 申告된 食品이나 添加物"을 "건강기능식품에관한법률 제5조의 규정에 의하여 허가를 받지 아니하고 건강기능식품을 제조·가공한 자, 이미 허가 또는 신고된 식품, 식품첨가물 또는 건강기능식품"으로 , "同法 第6條·第7條第4項"을 "식품위생법 제6조·제7조 제4항 또는 간강기능식품에관한법률 제24조 제1항"으로 하고, 동조 제1항 제1호 및 제2호 중 "食品 또는 添加物"을 각각 "식품, 식품첨가물 또는 건강기능식품"으로 한다.

건강기능식품법의 입법취지, 주요 골자 및 범위

Ⅰ. 입법취지

- 최근 소득의 향상과 건강에 대한 국민들의 욕구증대, 노령인구의 증가 등 식품비여건의 변화와, 식품과학의 발달, 식품생산의 다양화 등 식품산업의 변화
- 건강 지향적 식품들이 다양하게 발전하여 유통·판매되고 있으나, 반면 이의 무분별한 범람으로 허위·과대광고로 인한 소비자의 피해등 사회적 문제도 수반되고 있어, 일반식품과는 별도로 국가차원의 관리가 필요함

Ⅱ. 주요 골자

1. 건강기능식품의 범위설정(정의)

인체의 구조 및 기능에 대하여 영양소를 조절하거나 생리학적 작용 등과 같은 보건용도에 유용한 효과를 얻기 위하여 정제·캅셀·분말·과립·액상·환 등의 형태로 제조·가공한 식품

- 건강기능식품의 구체적인 범위는 현재 식품위생법에서 규정하고 있는 건강보조식품, 특수영양식품 및 일부 인삼제품을 우선 대상으로 하여 품목을 대폭 확대하여 공전규격화
- 공전에 미수재된 품목의 경우 자가기준·규격제도를 도입하여 범위를 넓혀 나가고,
- 중·장기적으로는 과학적·객관적으로 기능성, 유용성이 충분히 인정되는 식품과 성분을 점차 건강기능식품으로 확대

2. 영업의 종류 및 허가관리

- 영업의 세분화 및 관리권 상향조정
- 품목제조 시 매품목마다 식품의약품안전청장에게 사전신고

3. 기준·규격관리

- 건강기능식품에 대해 건강기능식품의 유형별로 원료·성분에 대한 별도의 기준·규격을 정하여 식약청장이 고시
- 공전규격 미고시 품목에 대해서는 제조자 또는 수입자가 기준을 정하여 식약청의 검토를 받아 당해 제품의 기준으로 하는 자가기준·규격제도 운영
- 원료와 특정성분에 대한 건강기능식품으로서 사용범위를 구체적으로 정하여 고시하고, 그 외 원료나 성분에 대해서는 안정성, 기능성을 과학적, 객관적으로 검토하여 추가인정
- 현행 기준·규격의 원료 및 품목의 범위를 확대하여 공전규격화

4. 표시 및 광고관리

- 의무표시사항
  - 건강기능식품
  - 영양성분명칭 및 함량, 영양소권장량에 대한 비율
  - 섭취량 및 섭취방법, 섭취 시 주의사항
  - 유통기한 및 보관방법
  - 질병치료를 위한 의약품이 아니라는 내용의 표현
- 금지표시·광고의 범위
  - 질병의 치료에 효능효과를 표방하는 내용 또는 의약품으로 혼동할 우려가 있는 내용의 표시·광고
  - 사실과 다르거나 허위 또는 과장된 내용의 표시·광고
  - 소비자를 기만 또는 오인·혼동시킬 우려가 있는 내용의 표시·광고
  - 한약의 처방전을 포함하여 의약품의 용도로만 사용되는 명칭
  - 사전에 심의를 받지 아니하거나 심의 결정된 내용과 다르게 표현하는 내용의 표시·광고
- 기능성표시·광고의 제한
  - 건강기능식품이 아닌 것을 건강기능식품으로 오인될 수 있도록 표시하거나 광고하는 행위를 금지
- 광고사전심의제도 운영
  - 단체에 표시·광고에 대한 자율적으로 심의를 하게 하기 위해 심의위원회를 설치
  - 건강기능식품의 표시·광고에 대한 사전심의를 받도록 함

5. 품질관리

- 품질관리인의 의무고용
  - 건강기능식품의 엄격한 품질관리를 위하여 일정한 자격을 가진 자를 품질관리인으로 선임하도록 함
- 자가품질관리의 의무화
  - 건강기능식품제조업자가 제조·가공하는 식품에 대하여 기준·규격에 적합여부의 자가품질관리의 의무적 실시
  - 식품위생법에도 월1회 이상 실시토록 규정
- 우수건강기능식품제조기준
  - 우수건강기능식품의 제조 및 품질관리를 위하여 식약청장이 GMP기준을 정하여 고시
  - 우수건강기능식품제조기준을 준수하는 경우에 GMP기준 적용업소로 지정하여 고시 하고
  - GMP기준 적용업소가 제조한 건강기능식품에 대해 단체가 자율적으로 품질을 인증할 수 있도록 함.
  - GMP인증업소로 지정되면 일정기간 출입·검사를 완화해 주거나 면제

6. 관리의 전문화 및 동업자 자율관리

- 건강기능식품심의위원회
  - 건강기능식품에 대한 자문 및 조사·연구를 위해 학계, 전문가, 소비자 단체 등 전문가가 참여하는 건강기능식품심의위원회를 설치
- 단체의 설립
  - 영업의 건전한 발전을 도모하기 위하여 영업의 종류별 또는 건강기능식품종류별로 동업자 단체를 설립하도록 근거 마련(보건복지부장관 인가사항)

7. 영업자에 대한 관리 및 지원

- GMP업소에 대하여 시설개선에 필요한 자금을 융자 지원 등
- 영업자 및 품질관리인에 대하여 건강기능식품의 안전성 및 품질관리에 관한 교육을 받도록 조치
- 영업자는 건강기능식품의 안전성 확보 및 품질관리와 영업의 질서유지를

위하여 시설 및 제품의 안전한 관리를 하도록 하고, 경품제공 등 사행심 조장행위를 못하도록 영업자 준수사항으로 규정

8. 행정재제와 벌칙

- 허가취소
  - 유독유해물질을 함유하고 있거나, 병원성미생물에 오염된 건강기능식품 제조·판매
- 영업정지
  - 무허가제품 또는 무신고 수입식품을 원료로 사용
  - 허용되지 아니한 식품첨가물 사용 또는 수입신고 위반
  - 허위·과대광고행위
- 품목류 및 품목제조정지
  - 기준·규격 및 표시기준 위반
  - 자가품질검사의무 및 영업자준수사항 위반
- 형사벌(7년 이하의 징역 및 1억원 이하의 벌금)
  - 무허가 영업행위
  - 수입이 금지된 것 또는 무신고 수입식품 사용

Ⅲ. 건강기능식품의 예

영양보충용 제품, 인삼제품, 홍삼제품, 뱀장어유제품, EPA/DHA함유제품, 로얄제리제품, 효모제품, 화분제품, 스쿠알렌함유제품, 효소제품, 유산균함유제품, 클로렐라제품, 스피루리나제품, 감마리놀렌산함유제품, 배아유제품, 배아제품, 레시틴제품, 옥타코사놀함유제품, 알콕시글리세롤함유제품, 포도씨유제품, 식품추출물발효제품, 뮤코다당·단백제품, 엽록소함유제품, 버섯제품, 알로에제품, 매실추출물제품, 자라제품, 베타카로틴함유제품, 키토산함유제품, 키토올리고당함유제품, 글루코사민함유제품, 프로폴리스추출물제품

2 건강기능식품에 관한 법률 시행규칙

제1조(목적) 이 규칙은 「건강기능식품에 관한 법률」 및 동법시행령에서 위임된 사항과 그 시행에 관하여 필요한 사항을 규정함을 목적으로 한다. 〈개정 2006.11.20.〉

제2조(업종별 시설기준) 「건강기능식품에 관한 법률」(이하 "법"이라 한다) 제4조의 규정에 의한 업종별 시설기준은 별표 1과 같다. 〈개정 2006.11.20.〉

제3조(영업허가의 신청) ① 법 제5조제1항에 따라 건강기능식품제조업의 허가를 받으려는 자는 별지 제1호서식의 영업허가신청서(전자문서로 된 신청서를 포함한다)에 다음 각 호의 구분에 따른 서류(전자문서를 포함한다)를 첨부하여 지방식품의약품안전청장에게 제출하여야 한다. 이 경우 지방식품의약품안전청장은 「전자정부법」 제36조제1항에 따른 행정정보의 공동이용을 통하여 토지이용계획확인서 및 건축물대장을 확인하여야 한다. 〈개정 2006.11.20, 2008.9.22, 2010.4.29, 2010.9.1.〉

1. 건강기능식품전문제조업
   가. 제조하고자 하는 제품의 종류 및 제조방법설명서
   나. 제조시설의 배치도 및 주요 기계·기구류 목록
   다. 삭제 〈2008.9.22〉
   라. 제16조의 규정에 의한 품질관리인 선임신고서
   마. 법 제13조제2항의 규정에 의한 교육필증(미리 교육을 받은 경우에

한한다)

바. 「먹는물관리법」 제43조에 따른 먹는물수질검사기관이 발행한 수질 검사성적서(수돗물이 아닌 지하수 등을 먹는 물 또는 건강기능식품의 제조과정이나 세척 등에 사용하는 경우만 첨부한다)

2. 건강기능식품벤처제조업

가. 「벤처기업육성에 관한 특별조치법」 제25조의 규정에 의한 벤처기업 확인서 사본

나. 건강기능식품의 기능성 원료·성분에 대한 기술관련자료

다. 제조하고자 하는 제품의 종류 및 제조방법설명서

라. 제16조의 규정에 의한 품질관리인 선임신고서

마. 건강기능식품전문제조업소와 체결한 위탁생산계약서

바. 법 제13조제2항에 의한 교육필증(미리 교육을 받은 경우에 한한다)

② 지방식품의약품안전청장은 신청인이 법 제9조제1항제3호의 규정에 해당하는지의 여부를 내부적으로 확인할 수 없는 경우에는 제1항 각호의 서류외에 신원확인에 필요한 자료(전자문서를 포함한다)를 제출하게 할 수 있다. 이 경우 신청인이 외국인인 경우에는 해당 국가의 정부나 그 밖의 권한 있는 기관이 발행한 서류 또는 공증인이 공증한 신청인의 진술서로서 「재외공관공증법」에 따라 해당 국가에 주재하는 대한민국공관의 영사관이 확인한 서류를 제출하게 할 수 있다. 〈개정 2006.11.20, 2010.4.29.〉

③ 지방식품의약품안전청장은 제1항의 규정에 따라 건강기능식품제조업의 허가를 하는 때에는 별지 제2호서식의 영업허가증을 교부하여야 한다. 이 경우 허가한 사항에 대하여는 별지 제3호서식의 영업허가관리대장을 작성·보관하거나 같은 서식으로 전산망에 입력하여 관리하여야 한다. 〈개정 2010.4.29.〉

④ 영업자가 허가증을 잃어버렸거나 헐어 못쓰게 되어 허가증의 재교부를 받고자 하는 때에는 별지 제4호서식의 영업허가증재교부신청서에 헐어 못쓰게 된 허가증(헐어 못쓰게 된 경우에 한한다)을 첨부하여 지방식품의약품안전청장에게 제출하여야 한다. 〈개정 2010.4.29.〉

제4조(허가사항의 변경) ① 법 제5조제1항 후단 및 「건강기능식품에 관한 법률 시행령」(이하 "영"이라 한다) 제3조에 따라 건강기능식품제조업의 허가를 받은 자가 그 허가받은 사항을 변경하려는 경우에는 별지 제5호서식의 변경허가신청서(전자문서로 된 신청서를 포함한다)에 허가증을 첨부[건강기능식품전문제조업의 경우에는 다음 각 호의 서류(전자문서를 포함한다)도 함께 첨부하여야 한다]하여 지방식품의약품안전청장에게 제출하여야 한다. 이 경우 지방식품의약품안전청장은 「전자정부법」 제36조제1항에 따른 행정정보의 공동이용을 통하여 토지이용계획확인서 및 건축물대장을 확인하여야 한다. 〈개정 2006.11.20, 2008.9.22, 2010.4.29, 2010.9.1,

2010.10.29.〉

1. 제조시설의 배치도 및 주요 기계·기구류 목록
2. 삭제 〈2008.9.22〉
3. 「먹는물관리법」 제43조에 따른 먹는물수질검사기관이 발행한 수질검사 성적서(수돗물이 아닌 지하수 등을 먹는 물 또는 건강기능식품의 제조 과정이나 세척 등에 사용하는 경우만 첨부한다)

② 법 제5조제2항의 규정에 따라 건강기능식품제조업의 허가를 받은 자가 다음 각 호의 어느 하나에 해당하는 사항을 변경하고자 하는 때에는 별지 제5호서식의 변경신고서(전자문서를 포함한다)에 허가증과 변경사실을 확인할 수 있는 관련 서류(전자문서를 포함한다)를 첨부하여 지방식품의약품안전청장에게 제출하여야 한다. 다만, 법 제11조의 규정에 의한 영업자지위승계에 의한 변경을 제외한다. 〈개정 2006.11.20, 2010.4.29.〉

1. 대표자의 성명(법인의 경우에 한한다)
2. 영업소의 명칭 또는 상호
3. 제조시설중 작업장, 건강기능식품취급시설 또는 급수시설(건강기능식품전문제조업에 한한다)
4. 건강기능식품을 위탁생산하는 제조업소의 명칭 또는 상호(건강기능식품벤처제조업에 한한다)

제5조(영업의 신고 등) ① 법 제6조제1항 및 제2항의 규정에 따라 건강기능식품수입업 또는 건강기능식품판매업의 신고를 하고자 하는 자는 영업에 필요한 시설을 갖춘 후 별지 제6호서식의 영업신고서(전자문서로 된 신고서를 포함한다)에 다음 각 호의 서류(전자문서를 포함한다)를 첨부하여 특별자치도지사·시장·군수·구청장(자치구의 구청장에 한한다. 이하 같다)에게 제출하여야 한다. 〈개정 2006.11.20, 2010.10.29, 2011.4.1.〉

1. 삭제 〈2012.8.1〉
2. 법 제13조제2항의 규정에 의한 교육필증(미리 교육을 받은 경우에 한한다)
3. 보관시설 임차계약서(보관시설을 임차한 경우에 한한다)
4. 건강기능식품전문제조업소와 체결한 위탁생산계약서(건강기능식품유통전문판매업에 한한다)
5. 「유선 및 도선사업법」에 따른 유선사업 및 도선사업 면허증 또는 신고필증(수상구조물로 된 유선장 및 도선장에서 영 제2조제3호가목의 건강기능식품일반판매업을 하려는 경우만 해당한다)
6. 「국가를 당사자로 하는 계약에 관한 법률」 제11조에 따른 시설운영에 관한 계약서(「군사기지 및 군사시설 보호법」에 따른 군사기지·군사시설 및 「군인복지기본법」 제14조에 따른 군인복지시설에서 영 제2조제3호가목의 건강기능식품일반판매업을 하려는 경우만 해당한다)

② 특별자치도지사·시장·군수·구청장은 신고인이 법 제9조제2항제3호

의 규정에 해당하는지의 여부를 내부적으로 확인할 수 없는 경우에는 제1항 각호의 서류외에 신원확인에 필요한 자료를 제출하게 할 수 있다. 〈개정 2010.10.29.〉

③ 특별자치도지사·시장·군수·구청장은 제1항의 규정에 의한 신고를 수리한 때에는 지체없이 건강기능식품수입업의 경우에는 별지 제7호서식의 영업신고증을, 건강기능식품판매업의 경우에는 별지 제8호서식의 영업신고증을 각각 교부하여야 한다. 〈개정 2010.10.29.〉

④ 특별자치도지사·시장·군수·구청장은 제3항의 규정에 따라 영업신고증을 교부한 후 건강기능식품수입업의 경우에는 별지 제9호서식의 영업신고관리대장을, 건강기능식품판매업의 경우에는 별지 제10호서식의 영업신고관리대장을 각각 작성·보관하거나 같은 서식으로 전산망에 입력하여 관리하여야 한다. 이 경우 특별자치도지사·시장·군수·구청장은 반기별로 반기 종료 후 20일 이내에 별지 제11호서식에 의한 영업신고관리 현황을 식품의약품안전처장에게 보고하여야 한다. 〈개정 2010.4.29, 2010.10.29, 2013.3.23.〉

⑤ 제1항에 따라 신고를 받은 특별자치도지사·시장·군수·구청장은 해당 영업소의 시설에 대한 확인이 필요한 경우에는 신고증을 준 후 15일 이내에 신고 받은 사항을 확인하여야 한다. 〈신설 2008.9.22, 2010.10.29.〉

⑥ 영업자가 신고증을 잃어버렸거나 헐어 못쓰게 되어 신고증의 재교부를 받고자 하는 때에는 별지 제12호서식의 영업신고증재교부신청서에 헐어 못쓰게 된 허가증(헐어 못쓰게 된 경우에 한한다)을 첨부하여 특별자치도지사·시장·군수·구청장에게 제출하여야 한다. 〈개정 2008.9.22, 2010.10.29.〉

제6조(신고사항의 변경) ① 법 제6조제3항의 규정에 따라 건강기능식품수입업 또는 건강기능식품판매업의 신고를 한 자가 신고를 하여야 하는 변경사항은 다음 각호의 1과 같다. 다만, 법 제11조의 규정에 의한 영업자지위승계에 의한 변경을 제외한다.

1. 대표자의 성명(법인의 경우에 한한다)
2. 영업소의 명칭 또는 상호
3. 영업소의 소재지
4. 보관시설의 소재지(보관시설을 임차한 경우에 한한다)
5. 건강기능식품을 위탁생산하는 제조업소의 명칭 또는 상호(건강기능식품유통전문 판매업에 한한다)

② 제1항에 따라 변경신고를 하려는 자는 별지 제13호서식의 신고사항변경신고서(전자문서로 된 신고서를 포함한다)에 다음 각 호의 서류(제2호부터 제4호까지의 서류는 영업소의 소재지를 변경하는 경우에 한정한다)를 첨부하여 지방식품의약품안전청장 또는 특별자치도지사·시장·군수·구청

장에게 제출하여야 한다. 이 경우 신고관청을 달리하는 영업소 소재지 변경의 경우에는 새로운 소재지를 관할하는 지방식품의약품안전청장 또는 특별자치도지사·시장·군수·구청장에게 제출하여야 한다. 〈개정 2010.4.29, 2010.10.29.〉

1. 영업신고증
2. 영업시설의 배치도
3. 보관시설 임차계약서(보관시설을 임차한 경우에 한정한다)
4. 건강기능식품전문제조업소와 체결한 위탁생산계약서(건강기능식품유통전문판매업에 한정한다)

제7조(폐업신고) 법 제5조제2항 또는 법 제6조제3항의 규정에 의한 폐업의 신고를 하고자 하는 자는 그 폐업하는 날부터 1월 이내에 별지 제14호서식의 폐업신고서(전자문서로 된 신고서를 포함한다)에 영업허가증 또는 영업신고증을 첨부하여 허가 또는 신고 관청에 제출하여야 한다. 〈개정 2006.11.20.〉

제8조(품목제조신고 등) ① 법 제7조제1항에 따라 건강기능식품제조업자가 품목제조신고를 하려는 경우에는 별지 제15호서식의 품목제조신고서(전자문서로 된 신고서를 포함한다)에 다음 각 호의 서류(전자문서를 포함한다)를 첨부하여 지방식품의약품안전청장에게 제출하여야 한다. 〈개정 2006.11.20, 2008.9.22, 2010.4.29, 2013.3.23.〉

1. 제조방법설명서(식품의약품안전처장이 정하여 고시하는 기준에 따라 설정한 유통기한 설정사유서를 포함한다)
2. 원료 또는 성분의 명칭과 함량
3. 기준·규격의 검사성적서(수출용 건강기능식품은 제외한다)
4. 법 제14조제2항에 따른 건강기능식품의 기준과 규격에 적합한 것으로 인정받은 서류나 법 제15조제2항에 따른 건강기능식품 기능성원료 또는 성분으로 인정받은 서류(건강기능식품 공전에 고시되지 아니한 품목의 경우에만 제출하고, 품목제조신고서를 제출받은 담당 공무원이 직접 확인할 수 있는 경우에는 제출하지 아니할 수 있다)

② 지방식품의약품안전청장은 제1항의 규정에 따라 품목제조신고를 받은 때에는 별지 제16호서식의 품목제조신고증을 신고인에게 교부하고 그 내용을 별지 제17호서식의 품목제조신고관리대장을 작성·보관하거나 같은 서식으로 전산망에 입력하여 관리하여야 한다. 〈개정 2010.4.29.〉

③ 영업자가 품목제조신고증을 잃어버렸거나 헐어 못쓰게 되어 품목제조신고증의 재교부를 받으려는 때에는 별지 제17호의2서식의 품목제조신고증재교부신청서(전자문서로 된 신청서를 포함한다)에 헐어 못쓰게 된 품목제조신고증(헐어 못쓰게 된 경우에 한한다)을 첨부하여 지방식품의약품안전청징에게 제출하여야 한다. 〈신설 2006.11.20, 2010.4.29.〉

제9조(품목제조신고사항의 변경신고) ① 법 제7조제1항 후단의 규정에 따라 품목제조 신고를 한 자가 다음 각 호의 어느 하나에 해당하는 사항을 변경하고자 하는 경우에는 별지 제18호서식의 품목제조신고사항변경신고서(전자문서로 된 신고서를 포함한다)에 품목제조신고증을 첨부하여 지방식품의약품안전청장에게 제출하여야 한다. 다만, 수출용 건강기능식품의 경우를 제외한다. 〈개정 2006.11.20, 2010.4.29〉

1. 제품명
2. 원료 또는 성분의 함량
3. 유통기한의 연장

② 제1항 본문의 규정에 불구하고 기능성을 가진 주원료 또는 주성분의 함량을 변경하여 당해 품목의 기능성이 변경된 경우에는 제8조제1항의 규정에 의한 품목제조신고를 새로이 하여야 한다.

제10조(건강기능식품의 수입신고) ① 법 제8조제1항에 따른 수입신고를 하려는 자(이하 "수입신고인"이라 한다)는 별지 제19호서식의 건강기능식품수입신고서(전자문서로 된 신고서를 포함한다)에 다음 각 호의 서류(전자문서를 포함한다)를 첨부하여 수입되는 건강기능식품의 통관장소를 관할하는 지방식품의약품안전청장에게 제출하여야 한다. 이 경우 수입되는 건강기능식품의 도착 예정일 5일 전부터 미리 신고할 수 있으며, 미리 신고한 내용 중 도착항·도착 예정일 등 주요사항이 변경되는 경우에는 즉시 그 내용을 문서(전자문서를 포함한다)로 신고하여야 한다. 〈개정 2006.11.20, 2008.9.22, 2009.8.12.〉

1. 검사성적서 또는 검사증명서(법 제8조제3항제2호의 규정에 따라 검사의 전부 또는 일부를 면제받고자 하는 경우에 한한다)
2. 한글표시가 된 포장지(운반용 포장 등으로 포장지의 제출이 곤란한 경우에는 한글표시내용이 기재된 서류를 제출할 수 있다)
3. 「식품위생법 시행규칙」 제12조제1항제3호에 따른 구분유통증명서 또는 이와 동등한 효력이 있음을 생산국의 정부가 인정하는 증명서(유전자재조합 표시대상에 해당하는 식품으로서 유전자재조합식품이라는 표시를 하지 아니한 경우에 한한다)

② 법 제8조제2항에서 "총리령이 정하는 사유가 있는 경우"라 함은 다음 각호의 1에 해당하는 경우를 말한다. 〈개정 2008.3.3, 2010.3.19, 2013.3.23〉

1. 법 제14조의 규정에 의한 건강기능식품의 기준 및 규격, 법 제15조의 규정에 의한 원료 또는 성분, 법 제17조의 규정에 의한 표시기준 및 법 제18조의 규정에 의한 허위·과대의 표시·광고금지에 적합한 건강기능식품인지의 여부를 검사할 필요성이 있는 경우
2. 건강기능식품으로 인한 건강상의 위해가 발생할 우려가 있는 경우

3. 그 밖에 식품의약품안전처장이 건강기능식품이나 원료 또는 성분 관련 안전성 등에 관한 자료 등을 검토한 결과 국민의 건강증진 또는 소비자 보호를 위하여 검사가 필요하다고 인정하는 경우

③ 지방식품의약품안전청장은 제1항에 따라 건강기능식품의 수입신고를 받은 경우에는 별표 2의 건강기능식품의 수입신고 및 검사방법에 따라 해당 건강기능식품에 대한 검사를 실시하여야 하고, 그 결과 적합하다고 인정되는 경우로서 수입신고인의 신청이 있는 경우에는 별지 제20호서식에 따른 건강기능식품 수입신고확인증을 교부하여야 한다. 〈개정 2006.11.20, 2008.9.22, 2011.4.1.〉

④ 지방식품의약품안전청장은 제3항에 따른 검사결과 부적합한 건강기능식품에 대하여는 별지 제21호 서식에 따라 해당 수입신고인 및 관할 세관장에게 부적합하다는 사실을 지체 없이 알려주어야 하며 그 사실을 통보받은 해당 수입신고인은 다음 각 호의 어느 하나에 해당하는 조치를 하여야 한다. 〈개정 2008.9.22〉

1. 수출국으로의 반송 또는 다른 나라로의 반출
2. 삭제 〈2010.10.29〉
3. 폐기

⑤ 지방식품의약품안전청장은 제1항에 따른 신고내용을 별지 제22호서식의 건강기능식품수입신고수리대장에 기재하고, 매년 건강기능식품의 수입신고 상황을 해당 연도 종료 후 1개월 이내에 별지 제23호 서식에 따라 식품의 약품안전청장에게 보고하여야 한다. 다만, 전산으로 처리한 경우에는 신고수리대장과 수입신고상황보고서를 전산 출력물로 대체할 수 있다. 〈개정 2008.9.22.〉

⑥ 건강기능식품이 제1항 후단의 규정에 따라 미리 신고한 도착예정일보다 늦게 도착하는 경우 그 지연기간은 「민원사무처리에 관한 법률 시행령」 제3조의 규정에 의한 민원사무처리기간에 산입하지 아니한다. 〈개정 2006.11.20.〉

⑦ 지방식품의약품안전청장은 다음 각 호의 어느 하나에 해당하는 경우에는 식품의약품안전처장이 정하는 바에 따라 전자문서로 행할 수 있다. 〈개정 2008.9.22, 2011.4.1, 2013.3.23〉

1. 제1항의 규정에 의한 건강기능식품의 수입신고에 필요한 서류의 접수
2. 제3항의 규정에 의한 건강기능식품 수입신고확인증의 교부
3. 제4항의 규정에 의한 건강기능식품 검사결과에 따른 부적합 통보

⑧ 식품의약품안전처장은 제1항의 규정에 따라 수입신고한 건강기능식품 중 다른 용도로 전환될 우려가 있다고 인정되는 건강기능식품을 유통관리대상 건강기능식품으로 지정할 수 있다. 이 경우 유통관리대상 건강기능식품의 지정절차 및 방법 등에 관한 세부사항은 식품의약품안전처장이 따로

정한다. 〈개정 2013.3.23.〉

⑨ 지방식품의약품안전청장은 제8항에 따른 유통관리대상 건강기능식품에 대한 수입신고를 받은 경우에는 수입신고인의 영업소 소재지를 관할하는 지방식품의약품안전청장 또는 특별자치도지사·시장·군수·구청장에게 신고 받은 내역을 통보하여야 한다. 〈개정 2008.9.22, 2010.10.29.〉

⑩「관세법」 등 다른 법률에 따라 압류·몰수된 수입물품의 경우에는 건강기능식품의 수입신고서 및 첨부서류를 생략할 수 있다. 〈신설 2008.9.22.〉

제11조(수입건강기능식품사전확인등록 신청 등) ① 법 제8조제3항제1호의 규정에 따라 수입건강기능식품사전확인등록을 신청하고자 하는 자는 별지 제24호서식의 수입건강기능식품사전확인등록신청서(전자문서로 된 신청서를 포함한다)에 다음 각 호의 서류(전자문서를 포함한다)를 첨부하여 식품의약품안전처장에게 제출하여야 한다. 〈개정 2006.11.20, 2013.3.23.〉

1. 사용한 원재료명·성분배합비율, 제조방법 및 사용한 식품첨가물의 명칭·사용량 등에 관한 서류
2. 건강기능식품의 종류 및 명칭과 제조방법설명서
3. 한글표시가 된 포장지 또는 표시내용
4. 해당 건강기능식품이 법 제14조 및 법 제15조의 규정에 의한 기준과 규격 등에 적합하다는 국내외 공인검사기관의 검사성적서 또는 검사증명서 원본
5. 해당 건강기능식품을 생산하는 제조공장의 소재지, 건물배치도(기계·기구류 배치내역을 포함한다) 및 작업장 평면도 등에 관한 서류

② 식품의약품안전처장은 제1항의 규정에 따라 수입건강기능식품사전확인등록을 신청받은 때에는 별표 3의 수입건강기능식품사전확인등록 기준 및 절차 등에 따라 확인하여 신청내용이 기준에 적합하다고 인정되는 경우에는 이를 별지 제25호서식의 수입건강기능식품사전확인등록대장을 작성·보관하거나 같은 서식으로 전산망에 입력하여 관리하여야 하고 별지 제25호의2서식의 수입건강기능식품사전확인등록증을 신청인에게 발급하여야 한다. 〈개정 2006.11.20, 2010.4.29, 2010.10.29, 2013.3.23.〉

③ 제2항의 규정에 따라 수입건강기능식품사전확인등록된 사항중 제조공장의 소재지가 변경된 경우에는 별지 제26호서식의 수입건강기능식품사전확인등록변경신청서(전자문서로 된 신청서를 포함한다)에 변경된 소재지에서 제조하는 건강기능식품에 대한 국내외 공인검사기관에서 발행한 검사성적서 원본 또는 검사증명서 원본(전자문서를 포함한다)과 제1항제5호의 서류를 첨부하여 식품의약품안전처장에게 제출하여야 한다. 〈개정 2006.11.20, 2010.10.29, 2013.3.23.〉

제12조(영업자의 준수사항) 법 제10조제1항제5호의 규정에 따라 영 제2조의 규정에 의한 영업자가 지켜야 할 준수사항은 별표 4와 같다.

제13조(생산실적의 보고) 법 제10조제2항의 규정에 따라 건강기능식품제조업자는 별지 제27호서식에 의한 생산실적 등에 관한 보고를 매년 당해 연도 종료 후 1개월 이내에 하여야 한다. 〈개정 2010.10.29.〉

제14조(영업자의 지위승계신고) ① 법 제11조제3항에 따른 영업자의 지위승계신고를 하려는 자는 별지 제28호서식의 영업자지위승계신고서(전자문서로 된 신고서를 포함한다)에 허가증 또는 신고증과 권리의 이전을 증빙하는 다음 각호의 서류(전자문서를 포함한다)를 첨부하여 허가 또는 신고관청에 제출하여야 한다. 다만, 행방불명(「주민등록법」상 무단전출을 포함한다)등으로 양도인의 인감증명서를 첨부하지 못하는 경우로서 허가 또는 신고관청이 사실확인 등을 통하여 양도·양수가 이루어졌다고 인정할 수 있을 때 또는 양도인 및 양수인이 허가 또는 신고관청에 함께 방문하여 영업자지위승계신고를 하는 때에는 인감증명서를 제출하지 아니할 수 있다. 〈개정 2004.12.10, 2006.7.3, 2006.11.20, 2008.9.22.〉

1. 양도의 경우에는 양도·양수를 증빙할 수 있는 서류의 사본 및 양도인의 인감증명서
2. 상속의 경우에는 가족관계등록부와 상속인임을 증명하는 서류
3. 그 밖에 해당 사유별로 영업자의 지위를 승계하였음을 증빙할 수 있는 서류

② 삭제 〈2008.9.22.〉

③ 허가 또는 신고관청은 신청인이 법 제9조제1항제3호 또는 동조 제2항제3호의 규정에 해당하는지의 여부를 내부적으로 확인할 수 없는 경우에는 제1항의 서류외에 사실확인에 필요한 자료를 제출하게 할 수 있다. 〈개정 2006.7.3.〉

④ 제1항의 규정에 따라 영업자지위승계신고를 하는 자가 제4조제2항제2호 및 제6조제1항제2호의 규정에 의한 영업소의 명칭 또는 상호를 변경하고자 하는 경우에는 이를 함께 신고할 수 있다. 〈개정 2006.7.3.〉

제15조(품질관리인의 수) 법 제12조제1항의 규정에 따라 건강기능식품제조업의 허가를 받아 영업을 하고자 하는 자는 허가를 받은 영업소별로 1인 이상의 품질관리인을 두어야 한다. 다만, 「농어업·농어촌 및 식품산업 기본법」 제3조제2호에 따른 농어업인, 같은 법 제3조제4호에 따른 농업 관련 생산자단체 또는 「농어업경영체 육성 및 지원에 관한 법률」 제2조제2호에 따른 농업법인이 건강기능식품전문제조업의 허가를 받아 국내산 농산물을 주된 원료로 건강기능식품을 제조하는 경우에는 동일 또는 인접 시·군·구내의 다른 영업소와 공동으로 품질관리인을 둘 수 있다. 〈개정 2006.11.20, 2010.4.29.〉

제16조(품질관리인의 선임·해임신고) 법 제12조제4항의 규정에 따라 품질관

리인을 선임하거나 해임하고자 하는 때에는 별지 제29호서식의 신고서(전자문서로 된 신고서를 포함한다)에 품질관리인의 자격증빙서류(전자문서를 포함한다)를 첨부(선임의 경우에 한한다)하여 지방식품의약품안전청장에게 제출하여야 한다. 〈개정 2006.11.20, 2010.4.29.〉

제17조(교육 대상자) ① 법 제13조제2항에서 "총리령이 정하는 사유"라 함은 다음 각호와 같다. 〈개정 2008.3.3, 2010.3.19, 2013.3.23.〉

1. 천재지변, 본인의 질병·사고, 업무상 국외출장 등의 사유로 교육을 받을 수 없는 경우
2. 교육실시기관의 미지정 등으로 교육이 불가능할 경우

② 법 제13조제4항에서 "총리령이 정하는 사유"라 함은 제1항제1호에 해당하는 경우를 말한다. 〈개정 2008.3.3, 2010.3.19, 2013.3.23.〉

제18조(교육실시기관 등) ① 법 제13조제5항의 규정에 의한 교육의 실시기관은 식품의약품안전처장이 지정·고시하는 교육전문기관 또는 단체로 한다. 〈개정 2008.3.3, 2010.3.19, 2013.3.23.〉

② 교육내용은 건강기능식품관련 법령 및 제도, 건강기능식품의 안전성 확보 및 품질관리, 우수건강기능식품제조기준 및 개인위생 등으로 하며, 교육내용과 관련된 세부사항은 식품의약품안전처장이 정한다. 〈개정 2008.3.3, 2010.3.19, 2013.3.23.〉

③ 교육의 실시기관은 교육교재의 편찬비·현장실습비 및 강사수당 등 교육에 필요한 실비를 교육대상자로부터 징수할 수 있다.

④ 「방문판매 등에 관한 법률」 제2조의 규정에 의한 방문판매업자·전화권유판매업자·다단계판매업자 또는 후원방문판매업자에게 등록한 판매원으로서 건강기능식품판매업을 하고자 하는 자에 대한 법 제13조제2항의 규정에 의한 교육은 해당 방문판매업자·전화권유판매업자·다단계판매업자 또는 후원방문판매업자가 자체적으로 실시할 수 있다. 〈개정 2006.11.20, 2012.8.16〉

⑤ 제4항의 규정에 따라 자체교육을 실시한 방문판매업자·전화권유판매업자·다단계판매업자 또는 후원방문판매업자는 교육대상자에게 교육필증을 교부하고, 교육일시, 교육대상자 명부 및 교육내용 등의 세부사항을 작성하여 관련 증빙서류와 함께 교육실시한 날부터 15일 이내에 신고관청에 제출하여야 한다. 〈개정 2012.8.16.〉

제19조(교육시간) ① 법 제13조제2항의 규정에 따라 영업을 하고자 하는 자가 미리 받아야 하는 교육시간은 다음 각호와 같다.

1. 건강기능식품제조업 : 8시간
2. 건강기능식품수입업 : 8시간
3. 건강기능식품판매업 : 4시간

② 제1항에 따라 신규로 교육을 받은 자가 교육받은 날부터 2년 이내에 다음 각 호의 어느 하나에 해당하는 경우에는 해당 업종에 관한 신규교육을 받은 것으로 본다. 〈개정 2008.9.22.〉

1. 교육을 받은 업종과 동일한 업종의 영업을 하고자 하는 경우
2. 건강기능식품제조업의 교육을 받은 자가 건강기능식품수입업이나 건강기능식품판매업의 영업을 하고자 하는 경우
3. 건강기능식품수입업의 교육을 받은 자가 건강기능식품판매업의 영업을 하고자 하는 경우

③ 법 제13조제3항의 규정에 따라 품질관리인이 정기적으로 받아야 하는 교육은 매년 1회 6시간 이내에서 식품의약품안전처장이 국내 위생상황 및 교육수요 등을 고려하여 정하는 시간으로 한다. 다만, 새로 선임된 품질관리인은 정당한 사유가 없는 한 선임된 날로부터 3월 이내에 교육을 받아야 한다. 〈개정 2011.4.1, 2013.3.23.〉

④ 삭제 〈2011.4.1.〉

⑤ 제27조제3항의 규정에 따라 우수건강기능식품제조기준적용업소의 품질관리인으로 교육훈련을 받은 경우에는 제3항의 교육을 받은 것으로 본다. 〈개정 2009.7.1.〉

제20조(교육계획 등) ① 제18조제1항의 규정에 따라 지정받은 교육실시기관은 매년 교육의 대상 및 교육내용을 포함한 교육계획을 수립하여 다음연도 개시 20일전까지 식품의약품안전처장에게 제출하여야 한다. 〈개정 2008.3.3, 2010.3.19, 2013.3.23.〉

② 교육실시기관은 교육을 수료한 자에게 수료증을 교부하고 수료증교부대장 등 교육에 관한 기록을 2년 이상 보관하여야 한다.

③ 교육실시기관은 교육을 종료한 날부터 1월 이내에 교육실시결과를 교육대상자의 해당 허가 또는 신고관청에 통보하고, 다음해 1월 31일까지 연간 교육실적을 식품의약품안전처장에게 보고하여야 한다. 〈개정 2008.3.3, 2010.3.19, 2013.3.23.〉

④ 제17조 내지 제20조의 규정에 의한 교육에 관하여 필요한 세부사항은 식품의약품안전처장이 정한다. 〈개정 2008.3.3, 2010.3.19, 2013.3.23.〉

제21조(허위·과대의 표시·광고의 범위) 법 제18조제2항의 규정에 의한 허위·과대의 표시·광고의 범위는 별표 5와 같다.

제22조(출입·검사 등) ① 법 제20조의 규정에 의한 출입·검사 등은 건강기능식품의 안전성 확보, 품질관리 및 유통질서 확립을 위하여 필요하다고 판단되는 경우에는 수시로 실시한다.

② 제1항의 규정에 불구하고 법 제6조의 규정에 따라 영업의 신고를 한 업소 또는 법 제32조의 규정에 따라 영업정지 이상의 행정처분을 받은 업소

에 대한 출입·검사 등은 신고일 또는 처분일부터 6월 이내에 1회 이상 각각 실시하여야 한다.

③ 제1항 또는 제2항의 규정에 의한 출입·검사 등을 실시한 관계공무원은 당해 업소에 비치한 별지 제30호서식의 출입·검사등기록부에 그 결과를 기록하여야 한다.

제23조(무상 수거량 및 검사의뢰의 절차 등) ① 법 제20조제1항의 규정에 따라 무상으로 수거할 수 있는 건강기능식품 등의 수거량은 별표 6과 같다.

② 관계공무원이 법 제20조제1항의 규정에 따라 건강기능식품 등을 수거한 때에는 별지 제31호서식의 수거증을 교부하여야 한다.

③ 법 제20조제1항의 규정에 따라 건강기능식품 등을 수거한 관계공무원은 그 수거한 건강기능식품 등을 수거한 장소에서 봉함하고 관계공무원 및 피수거자의 인장 등으로 봉인하여야 한다.

④ 식품의약품안전처장, 지방식품의약품안전청장, 특별시장·광역시장·도지사·특별자치도지사 또는 시장·군수·구청장은 제3항에 따라 수거한 건강기능식품의 검사를 지체 없이 법 제8조제3항제2호에 따른 검사기관(이하 "검사기관"이라 한다)에 의뢰하여야 한다. 〈개정 2008.9.22, 2010.4.29, 2013.3.23.〉

⑤ 식품의약품안전처장, 지방식품의약품안전청장, 특별시장·광역시장·도지사·특별자치도지사 또는 시장·군수·구청장은 법 제20조제1항에 따라 건강기능식품 등의 수거·검사를 하게 한 경우에는 별지 제32호서식의 수거검사처리대장을 작성·보관하거나 같은 서식으로 전산망에 입력하여 관리하여야 하고 이를 갖추어 두어야 한다. 〈개정 2008.9.22, 2010.4.29, 2013.3.23.〉

⑥ 법 제20조, 법 제30조 또는 법 제35조제5항의 규정에 의한 출입·수거·검사·열람·압류·폐기 또는 영업소의 폐쇄조치 등을 하는 관계공무원의 권한을 표시하는 증표는 별지 제33호서식과 같다.

제24조(검사의 방법 등) ①검사기관은 제23조제4항의 규정에 의한 검사의뢰를 받은 때에는 건강기능식품 및 원료 등의 기준 및 규격에 의하여 이를 검사하여야 한다. 다만, 검사를 의뢰하는 기관이 검사할 항목을 선정하여 검사를 의뢰하는 경우에는 그 항목만을 검사할 수 있다.

② 검사기관은 검사를 완료한 때에는 지체 없이 그 검사결과를 시험성적서에 의하여 검사를 의뢰한 자에게 통보하여야 하며, 검사결과 그 제품이 법 제30조에 따른 폐기처분의 대상에 해당된다고 인정되는 경우에는 식품의약품안전처장, 지방식품의약품안전청장, 특별시장·광역시장·도지사·특별자치도지사 또는 시장·군수·구청장에게 지체 없이 그 사실을 통보하여야 한다. 이 경우 허가 또는 신고관청은 지체 없이 해당 제품을 수거·폐기하도록 필요한 조치를 하여야 한다. 〈개정 2008.9.22, 2010.4.29,

2013.3.23.〉

③ 검사의뢰를 받은 검사기관은 기술 또는 시설부족 등의 사유로 검사를 할 수 없는 경우에는 지체없이 그 검사를 할 수 있는 다른 검사기관에 검사에 필요한 시험재료(이하 "검사대상물"이라 한다)를 송부하고, 검사를 의뢰한 기관에게 그 사실을 통보하여야 한다.

④ 검사기관은 제1항의 규정에 의한 검사결과 기준 및 규격에 적합하지 아니한 경우에는 그 검사대상물의 일부를 검사완료일로부터 60일 동안 보관하여야 한다. 다만, 보관이 곤란하거나 부패하기 쉬운 건강기능식품 및 원료 등은 그러하지 아니하다.

⑤ 검사기관은 검사를 하는 때에는 시험기록서를 작성·비치하여야 한다. 이 경우 그 시험기록서는 최종기재일로부터 3년간 보관하여야 한다.

제25조(자가품질검사) ① 건강기능식품제조업의 허가를 받은 자는 법 제21조 제1항 및 제2항의 규정에 의한 자가품질검사를 별표 7의 자가품질검사기준에 따라 실시하여야 한다.

② 건강기능식품제조업자는 제1항의 규정에 의한 자가품질검사에 관한 기록서를 2년간 보관하여야 한다.

제26조(우수건강기능식품제조기준적용업소의 지정신청 등) ① 법 제22조제3항에 따라 우수건강기능식품제조기준적용업소로 지정받으려는 자는 별지 제34호서식의 우수건강기능식품제조기준적용업소지정신청서(전자문서로 된 신청서를 포함한다)에 다음 각 호의 서류(전자문서를 포함한다)를 첨부하여 지방식품의약품안전청장에게 신청하여야 한다. 〈개정 2006.11.20, 2008.9.22, 2010.4.29〉

1. 품목별 제조공정도 사본
2. 제조공장의 건물배치도 및 작업장 평면도(기계·기구류 배치내역을 포함한다)
3. 품질관리실의 기계·기구류 목록
4. 전년도 생산실적. 다만, 1년간의 실적이 없는 경우에는 최근 3월 이상의 월별 생산실적으로 갈음할 수 있다.
5. 제27조제3항의 규정에 의한 신규교육훈련을 받은 수료증 사본
6. 법 제22조제1항에 따른 우수건강기능식품제조기준에 따라 3회 이상 적용·운영한 자체평가결과 및 관련서류

② 지방식품의약품안전청장은 제1항의 규정에 따라 우수건강기능식품제조기준적용업소를 지정하는 때에는 별지 제35호 서식에 의한 우수건강기능식품제조기준적용업소지정서를 교부하여야 한다. 〈개정 2010.4.29.〉

③ 제2항에 따라 우수건강기능식품제조기준적용업소로 지정받은 업소가 지정업소의 소재지, 제조시설 중 작업장·건강기능식품취급시설 또는 품질관리실을 변경하려는 경우에는 별지 제36호서식의 변경신청서(전자문서

로 된 신청서를 포함한다)에 다음 각 호의 서류를 첨부하여 지방식품의약품안전청장에게 제출하여야 한다. 〈개정 2006.11.20, 2010.4.29〉

1. 우수건강기능식품제조기준적용업소지정서
2. 영업허가증 사본(지정업소의 소재지 변경에 한한다)
3. 우수건강기능식품제조기준관리기준서·일반위생관리기준서 및 관련서식(소재지 및 시설에 따라 개정된 기준서 및 관련서식을 말한다)

④ 제1항 내지 제3항의 규정에 의한 우수건강기능식품제조기준적용업소의 지정·관리에 관하여 필요한 세부사항은 식품의약품안전처장이 정하여 고시한다. 〈개정 2013.3.23.〉

제27조(우수건강기능식품제조기준적용업소의 영업자 등의 교육훈련 등) ① 법 제22조제3항의 규정에 의한 우수건강기능식품제조기준적용업소의 영업자와 종업원에 대한 교육훈련의 내용은 다음 각호와 같다. 〈개정 2006.11.20, 2013.3.23〉

1. 「건강기능식품에 관한 법률」에 관한 사항
2. 우수건강기능식품제조 및 품질관리기준에 관한 사항
3. 우수건강기능식품제조기준 적용 등 사후관리에 관한 사항
4. 그 밖에 식품의약품안전처장이 필요하다고 인정하는 사항

② 제1항의 규정에 의한 종업원의 교육훈련대상은 우수건강기능식품제조기준의 적용을 담당하는 품질관리인으로 하며, 동 품질관리인은 영업에 종사하는 다른 종업원에게 월 1회 1시간 이상의 관련 교육훈련을 실시하여야 한다.

③ 법 제22조제3항의 규정에 의한 교육훈련은 우수건강기능식품제조기준적용업소로 지정받기 전에 실시하거나 영업자 및 품질관리인의 교체로 인하여 실시하는 교육훈련(이하 "신규교육훈련"이라 한다)과 우수건강기능식품제조기준적용업소로 지정받은 후 2년마다 실시하는 교육훈련(이하 "보수교육훈련"이라 한다)으로 구분하여 식품의약품안전처장이 지정하는 교육전문기관 또는 단체에서 실시하되, 그 교육시간과 교육 횟수는 다음 각 호의 1과 같다. 〈개정 2010.10.29, 2011.4.1, 2013.3.23〉

1. 신규교육훈련 : 영업자는 1회 8시간 이내, 품질관리인은 1회 16시간 이내의 교육훈련을 받아야 한다.
2. 보수교육훈련 : 제2항의 규정에 의한 해당 품질관리인은 2년마다 8시간 이내의 교육훈련을 받아야 한다.

④ 삭제 〈2011.4.1.〉

⑤ 제1항부터 제3항까지의 규정에 따른 교육훈련에 관하여 그 밖에 필요한 세부사항은 식품의약품안전처장이 정하여 고시한다. 〈개정 2009.7.1, 2011.4.1, 2013.3.23.〉

제28조(우수건강기능식품제조기준적용업소의 지정취소 등) 법 제22조제4항

의 규정에 의한 우수건강기능식품제조기준적용업소의 지정취소 등에 관한 기준은 별표 8과 같다.

제29조(우수건강기능식품제조기준적용업소의 출입·검사) 법 제22조제6항에서 "총리령이 정하는 일정기간"이라 함은 3년을 말한다. 〈개정 2008.3.3, 2010.3.19, 2013.3.23.〉

제29조의2(건강기능식품이력추적관리의 등록기준 등) ① 법 제22조의2제1항에 따른 건강기능식품 이력추적관리의 등록기준은 다음 각 호와 같다.

1. 제조·가공단계부터 판매단계까지 이력추적관리가 가능하도록 관리되는 품목일 것
2. 제조·가공단계부터 판매단계까지 이력정보가 제공될 수 있는 품목일 것
3. 법 제22조의2제2항에 따른 건강기능식품이력추적관리기준에 따라 관리될 수 있는 품목일 것
4. 제조·가공단계부터 판매단계까지 회수 등 사후관리 체계를 갖추고 있는 품목일 것

② 법 제22조의2제1항에 따라 건강기능식품이력추적관리의 등록을 하려는 자는 별지 제36호의2서식의 건강기능식품이력추적관리 등록신청서(전자문서로 된 신청서를 포함한다)에 다음 각 호의 서류(전자문서를 포함한다)를 첨부하여 식품의약품안전처장에게 신청하여야 한다. 〈개정 2011.4.1, 2013.3.23〉

1. 품목제조신고증 또는 건강기능식품 수입신고확인증 사본(공부확인이 가능한 경우 제출하지 아니할 수 있다)
2. 식품의약품안전처장이 정하여 고시한 건강기능식품이력추적관리계획서

③ 식품의약품안전처장은 제2항에 따라 건강기능식품이력추적관리의 등록신청을 받은 경우 제1항에 따른 건강기능식품이력추적등록기준에 적합한지 여부를 심사하여야 하며, 심사결과 적합하다고 인정되는 경우에는 건강기능식품이력추적관리의 등록을 하여야 한다. 〈개정 2013.3.23.〉

④ 식품의약품안전처장은 제3항에 따라 건강기능식품이력추적관리의 등록을 한 경우 별지 제36호의3서식의 건강기능식품이력추적관리 등록증을 주어야 한다. 〈개정 2013.3.23.〉

⑤ 법 제22조의2제1항에 따라 등록을 한 자는 정보시스템을 이용하여 식품의약품안전처장이 정하는 건강기능식품의 제조·품질검사·출고 등에 관한 건강기능식품이력정보를 제공하여야 한다. 〈개정 2013.3.23〉

[본조신설 2008.9.22]

[종전 제29조의2는 제29조의8로 이동 〈2008.9.22.〉]

제29조의3(등록사항 변경신고) ① 제29조의2제3항에 따라 등록을 한 자는 등록사항이 변경된 경우 변경 사유가 발생한 날부터 1개월 이내에 별지 제

36호의4서식의 변경신고서(전자문서로 된 신청서를 포함한다)에 구비서류(전자문서를 포함한다)를 첨부하여 식품의약품안전처장에게 신고하여야 한다. 〈개정 2013.3.23.〉

② 식품의약품안전처장은 제1항에 따라 등록사항의 변경신고를 받은 경우 서류 검토와 현지조사 등의 방법으로 변경사항을 확인하고 적합한 경우 건강기능식품이력추적관리 등록증에 변경사항을기재하여 다시 주어야 한다. 〈개정 2013.3.23〉

[본조신설 2008.9.22.]

제29조의4(유효기간의 연장 등) ① 법 제22조의2제5항 단서에 따라 건강기능식품이력추적관리등록의 유효기간을 연장하려는 자는 식품의약품안전처장에게 유효기간 만료일 30일전까지 별지 제36호의5서식의 건강기능식품이력추적관리등록 유효기간 연장신청서를 제출하여야 한다. 〈개정 2013.3.23.〉

② 식품의약품안전처장은 제1항에 따라 유효기간을 연장한 경우 제29조의2제4항에 따라 등록증을 준다. 〈개정 2013.3.23.〉

③ 제1항에 따른 연장기간은 유효기간 만료일부터 3년 이내로 한다.

[본조신설 2008.9.22.]

제29조의5(자금지원 대상 등) 식품의약품안전처장은 법 제22조의2제6항에 따라 건강기능식품이력추적관리를 등록한 자에게 다음 각 호의 사항에 대하여 예산의 범위에서 자금을 지원할 수 있다. 〈개정 2010.3.19, 2013.3.23〉

1. 건강기능식품이력추적관리시스템 구축·운영에 필요한 장비구입
2. 건강기능식품이력추적관리를 위한 프로그램 개발비용
3. 그 밖의 식품의약품안전처장이 건강기능식품이력추적관리에 필요하다고 정한 사업

[본조신설 2008.9.22.]

제29조의6(건강기능식품이력추적관리 등록 취소 등) ① 법 제22조의2제7항에 따른 건강기능식품이력추적관리기준을 준수하지 아니한 경우의 등록취소 등에 관한 기준은 별표 5의2와 같다.

② 제1항에 따라 등록 취소를 통보받은 영업자는 건강기능식품이력추적관리 등록증을 지체 없이 식품의약품안전처장에게 반납하여야 한다. 〈개정 2013.3.23〉

[본조신설 2008.9.22.]

제29조의7(등록사항) 법 제22조의2제8항에 따른 건강기능식품이력추적관리의 등록사항은 다음 각 호와 같다.

1. 국내식품의 경우
   가. 영업소 명칭 또는 상호

나. 제품명
다. 유통기한 및 품질 유지기한
라. 보존 및 보관방법
2. 수입식품의 경우
가. 영업소 명칭 또는 상호
나. 제품명
다. 원산지(국가)
라. 제조회사 또는 수출회사
[본조신설 2008.9.22.]

제29조의8(수출업자를 위한 영문증명의 발급) ① 식품의약품안전처장은 건강기능식품을 수출하는 자(이하 이 조에서 "수출업자"라 한다)가 수출하려는 건강기능식품의 위생 등을 증명하기 위하여 다음 각 호의 영문증명을 요청할 경우 그 사실관계를 확인하고 해당영문증명을 발급하여야 한다. 이 경우 영문증명을 발급받으려는 수출업자는 별지 제39호서식의 수출건강기능식품영문증명신청서(전자문서로 된 신청서를 포함한다)를 식품의약품안전처장 또는 지방식품의약품안전청장에게 제출하여야 한다. 〈개정 2008.9.22, 2010.10.29, 2013.3.23〉

1. 위생증명서 : 해당건강기능식품이 적법하게 제조·유통되고 있는 위생적인 제품임을 증명하는 서류
2. 자유판매증명서 : 해당건강기능식품이 대한민국에서 법적인 제한 없이 판매되고 있는 제품임을 증명하는 서류

2의2. 건강기능식품 기능성원료 인정 증명서 : 해당 건강기능식품의 기능성 원료가 법 제15조에 따라 인정받은 원료임을 증명하는 서류

3. 우수건강기능식품제조기준 적용업소 지정서 : 해당업소가 법 제22조에 따른 우수건강기능식품제조기준에 적합한 업소임을 증명하는 서류
4. 이력추적관리등록 증명서 : 해당 건강기능식품이 법 제22조의2에 따른 건강기능식품이력추적관리등록 제품임을 증명하는 서류

② 제1항에 따른 위생증명서, 자유판매증명서, 건강기능식품 기능성원료 인정 증명서, 우수건강기능식품제조기준적용업소 지정서 및 이력추적관리등록 증명서는 각각 별지 제40호서식(1)부터 별지 제41호서식(2)까지, 별지 제41호의2서식, 별지 제42호서식(1)부터 별지 제43호서식(2)까지와 같다. 〈개정 2008.9.22, 2010.10.29〉
[본조신설 2006.11.20]
[제29조의2에서 이동 〈2008.9.22.〉]

제30조(단체의 설립인가 신청서류) 법 제28조제3항 및 영 제16조제2항의 규정에 따라 단체의 설립인가를 받고자 하는 자는 설립인가신청서(전자문서로 된 신청서를 포함한다)에 다음 각 호의 서류(전자문서를 포함한다)를

첨부하여 식품의약품안전처장에게 제출하여야 한다. 〈개정 2006.11.20, 2008.3.3, 2010.3.19, 2013.3.23〉

1. 창립총회의 회의록
2. 정관
3. 사업계획서 및 수지예산서
4. 재산목록
5. 임원명부
6. 임원의 취임승낙서
7. 임원의 이력서
8. 임원의 주민등록증 사본 그 밖에 신원을 확인할 수 있는 증명서 사본

제31조(행정처분의 기준 등) ① 법 제29조 내지 법 제33조의 규정에 의한 행정처분의 기준은 별표 9와 같다.

② 법 제30조의 규정에 따라 관계공무원이 건강기능식품을 압류한 때에는 별지 제31호 서식의 압류증을 교부하여야 한다.

제32조(행정처분대장 등) ① 허가 또는 신고관청은 법 제29조 내지 법 제33조 또는 법 제35조의 규정에 따라 행정처분을 한 때와 법 제36조의 규정에 의한 청문을 한 때에는 별지 제37호서식의 행정처분 및 청문대장을 작성·보관하거나 같은 서식으로 전산망에 입력하여 관리하여야 하고 이를 갖추어 두어야 한다. 〈개정 2010.4.29.〉

② 지방식품의약품안전청장 또는 특별자치도지사·시장·군수·구청장이 법 제32조의 규정에 따라 영업허가를 취소하였거나 영업소의 폐쇄를 명한 때에는 지체없이 그 영업소의 명칭, 영업소의 소재지, 영업자의 성명, 영업자의 주민등록번호, 취소 또는 폐쇄사유 및 취소 또는 폐쇄일자 등을 지방식품의약품안전청장은 다른 지방식품의약품안전청장에게, 특별자치도지사·시장·군수·구청장은 다른 특별자치도지사·시장·군수·구청장에게 각각 통보하여야 한다. 〈개정 2010.10.29.〉

③ 지방식품의약품안전청장 또는 특별자치도지사·시장·군수·구청장이 법 제32조, 법 제33조, 법 제35조 및 법 제38조제2항의 규정에 의한 행정처분을 한 때에는 지체없이 그 영업소의 명칭, 영업허가(신고)번호, 위반내용, 행정처분내용, 처분기간 및 처분대상품목 등을 별지 제38호서식에 따라 식품의약품안전처장에게 보고하여야 한다. 〈개정 2010.10.29, 2013.3.23.〉

제33조(과징금의 징수절차 등) ① 법 제37조제1항 단서의 규정에 의한 과징금 부과제외대상은 별표 10과 같다.

② 영 제19조제4항의 규정에 의한 과징금의 징수절차에 관하여는 「국고금관리법 시행규칙」을 준용한다. 이 경우 납입고지서에는 이의 방법 및 이의

기간 등을 함께 기재하여야 한다. 〈개정 2006.11.20.〉

제34조 삭제 〈2008.9.22.〉

제35조(수수료) ① 법 제42조의 규정에 의한 수수료는 별표 11과 같다.

② 제1항에 따른 수수료는 허가·신고·신청·검사 등의 해당 기관이 국가인 경우에는 수입인지로, 허가·신고·신청·검사 등의 해당 기관이 지방자치단체인 경우에는 해당 지방자치단체의 수입증지로 내거나 정보통신망을 이용하여 전자화폐·전자결제 등의 방법으로 내야 한다. 〈개정 2011.4.1.〉

제35조의2 삭제 〈2011.4.1.〉

제36조(과태료의 부과금액 기준) 영 별표 2 제2호마목에 따른 영업자가 지켜야 할 사항을 지키지 아니한 자에 대한 과태료의 부과기준은 별표 12와 같다. 〈개정 2008.9.22, 2011.4.1〉

부 칙 〈제1010호, 2013.3.23〉(식품의약품안전처와 그 소속기관 직제 시행규칙)

제1조(시행일) 이 규칙은 공포한 날부터 시행한다.

제2조부터 **제4조**까지 생략

제5조(다른 법령의 개정) ① 건강기능식품에 관한 법률 시행규칙 일부를 다음과 같이 개정한다.

제5조제4항 후단, 제8조제1항제1호, 제10조제2항제3호, 같은 조 제7항 각 호 외의 부분, 같은 조 제8항 전단 및 후단, 제11조제1항 각 호 외의 부분, 같은 조 제2항·제3항, 제23조제4항·제5항, 제24조제2항 전단, 제26조제4항, 제27조제1항제4호, 같은 조 제3항 각 호 외의 부분, 같은 조 제5항, 제29조의2제2항 각 호 외의 부분, 같은 항 제2호, 같은 조 제3항부터 제5항까지, 제29조의3제1항·제2항, 제29조의4제1항·제2항, 제29조의5제3호, 제29조의6제2항, 제29조의8제1항 각 호 외의 부분 전단·후단, 제32조제3항, 별표 1 제1호아목 단서, 같은 호 자목(3) 단서, 같은 목(4), 별표 2 제1호가목(6), 같은 호 나목 각(1)·(2) 외의 부분, 같은 호 라목, 같은 표 제2호가목(2), 같은 호 나목(1) 전단·후단, 같은 호 다목, 같은 표 제3호, 별표 3 제2호나목 각(1)부터(4)까지 외의 부분, 같은 표 제3호가목 각(1)부터(3)까지 외의 부분, 같은 호 나목, 같은 표 제4호나목(1)·(2), 별표 4 제1호사목·차목, 같은 표 제2호아목, 같은 표 제3호아목, 별표 5 제2호나목, 같은 표 제4호, 별표 7 제2호, 별표 11 제4호다목(1)의 수수료란, 별표 12 제1호 4의 위반사항란, 같은 호 9의 위반사항란, 같은 표 제2호 6의 위반사항란, 같은 표 제3호 5의 위반사항란, 별지 제11호 서식 수신자란, 별지 제15호 서식 앞쪽 구비서류란 제1호, 별지 제23호 서식 수신자란, 별지 제

24호 서식 앞쪽 접수기관장란, 별지 제25호의2 서식의 발급기관장란, 별지 제26호서식 접수기관장란, 별지 제33호 서식 뒤쪽 ⑦란, 별지 제36호의2서식 앞쪽 접수기관장란, 같은 쪽 구비서류란 제2호, 같은 서식 뒤쪽 처리기관란, 별지 제36호의3서식 앞쪽 발급기관장란, 별지 제36호의4서식 앞쪽 발급기관장란, 별지 제36호의5서식 앞쪽 발급기관장란, 같은 서식 뒤쪽 신고안내란 제1호 및 별지 제39호 서식 앞쪽 접수기관장란 중 "식품의약품안전청장"을 각각 "식품의약품안전처장"으로 한다.

제10조제2항 각 호 외의 부분, 제17조제1항 각 호 외의 부분·제2항 및 제29조 중 "보건복지부령"을 각각 "총리령"으로 한다.

제18조제1항·제2항, 제19조제3항 본문, 제20조제1항·제3항·제4항 및 제30조 각 호 외의 부분 중 "보건복지부장관"을 각각 "식품의약품안전처장"으로 한다.

제29조의5 각 호 외의 부분 중 "보건복지부장관 또는 식품의약품안전청장"을 "식품의약품안전처장"으로 한다.

별표 4 제2호마목 및 별표 12 제2호 2의 위반사항란 중 "식품의약품안전청"을 각각 "식품의약품안전처장"으로 한다.

별표 11 제4호나목 수수료란 및 같은 표 제5호 수수료란 중 "식품의약품안전청및질병관리본부시험의뢰규칙"을 각각 "「식품의약품안전처 시험의뢰규칙」"으로 한다.

별지 제19호서식 제2쪽 유의사항란 다목 중 "「식품의약품안전청 및 질병관리본부 시험의뢰규칙」"을 "「식품의약품안전처 시험의뢰규칙」"으로 한다.

별지 제24호 서식 처리절차란, 별지 제26호 서식 처리절차란, 별지 제36조의2서식 뒤쪽 처리기관란, 별지 제36호의4서식 뒤쪽 처리기관란, 별지 제36호의5서식 뒤쪽 처리기관란, 별지 제38호 서식 수신자란, 별지 제39호 서식 뒤쪽 처리절차란, 별지 제40호 서식(1) 발행기관 CI란, 별지 제40호 서식(2) 발행기관 CI란, 별지 제41호 서식(1) 발행기관 CI란, 별지 제41호서식(2) 발행기관 CI란, 별지 제41호의2서식 발행기관 CI란, 별지 제42호서식(1) 발행기관 CI란, 별지 제42호 서식(2) 발행기관 CI란, 별지 제43호서식(1) 발행기관 CI란 및 별지 제43호 서식(2) 발행기관 CI란 중 "식품의약품안전청"을 각각 "식품의약품안전처"로 한다.

별지 제25호의2서식 발급기관장란 중 "Commissioner of Korea Food and Drug Administration"을 "Minister of Food and Drug Safety"로 한다.

별지 제29호 서식 뒤쪽 선임안내란 제1호 아목 중 "보건복지가족부장관"을 "식품의약품안전처장"으로 한다.

별지 제40호 서식(1) 발행기관 CI란·발행기관장란, 별지 제40호 서식(2) 발행기관 CI란, 별지 제41 호서식(1) 발행기관 CI란·발행기관장란, 별지 제41호 서식(2) 발행기관 CI란, 별지 제41의2호 서식 발행기관 CI란·발행기관장란, 별지 제42호 서식(1) 발행기관 CI란·발행기관장란, 별지 제42호 서식(2) 발행기관 CI란, 별지 제43호 서식(1) 발행기관 CI란·발행기관장란 및 별지 제43호 서식(2) 발행기관 CI란 중 "Korea Food and Drug Administration"을 각각 "Ministry of Food and Drug Safety"로 한다.

[별표 1] 〈개정 2013.3.23〉

업종별 시설기준 (제2조 관련)

1. 건강기능식품전문제조업

가. 건강기능식품의 제조시설과 원료 및 제품의 보관시설 등이 설비된 건축물(이하 "건물"이라 한다)의 위치 등

(1) 건물의 위치는 「가축분뇨의 관리 및 이용에 관한 법률」 제2조에 따른 가축분뇨, 「하수도법」 제2조에 따른 분뇨, 「유해화학물질 관리법」 제2조에 따른 화학물질, 그 밖에 오염물질의 발생시설로부터 건강기능식품에 나쁜 영향을 주지 아니하는 거리를 두어야 한다.

(2) 건물의 구조는 제조하고자 하는 건강기능식품의 특성에 따라 적정한 온도와 습도가 유지될 수 있고, 환기가 잘 될 수 있어야 한다.

(3) 건물의 자재는 건강기능식품에 나쁜 영향을 주지 아니하고 오염시키지 아니하는 것이어야 한다.

나. 작업장

(1) 작업장은 독립된 건물이거나 건강기능식품 제조 외의 용도로 사용되는 시설과 분리(벽·층 등에 의하여 별도의 방으로 구별되는 경우를 말한다. 이하 같다)되어야 한다.

(2) 작업장은 원료처리실·제조실 및 포장실 그 밖에 제조에 필요한 작업실을 말하며, 각각의 시설은 분리 또는 구획(칸막이·커튼 등에 의하여 구별되는 경우를 말한다. 이하 같다)되어야 한다. 다만, 제조공정의 자동화 또는 시설·제품의 특수성으로 인하여 분리 또는 구획할 필요가 없다고 인정되는 경우로서 각각의 시설이 서로 구분(선·줄 등에 의하여 구별되는 경우를 말한다. 이하 같다)될 수 있는 때에는 그러하지 아니하다.

(3) 작업장의 바닥·내벽 및 천정(天井)은 다음과 같은 구조로 설비되어야 한다.

(가) 바닥은 콘크리트 등으로 내수(耐水)처리를 하여야 하며, 배수가 잘 되도록 하여야 한다.

(나) 내벽은 바닥으로부터 1.5미터까지 밝은 색의 내수성으로 설비하거나 세균방지용 페인트로 칠하여야 한다.

(다) 천정은 청소가 용이한 구조로서 이물이나 먼지가 쌓이거나 응결

수(凝結水)가 떨어지지 아니하여야 한다.

(4) 작업장안에서 발생하는 악취·유해가스·매연·증기 등을 환기시키기에 충분한 환기시설을 갖추어야 한다.

(5) 작업장의 밝기는 220룩스 이상이어야 한다. 다만, 자동화시설의 설치 등으로 건강기능식품이나 원료 등을 직접 처리하지 아니하는 곳은 그러하지 아니하다.

(6) 작업장에는 쥐·해충 등을 막을 수 있는 시설을 갖추어야 한다.

다. 건강기능식품취급시설

(1) 건강기능식품을 제조하는데 필요한 기계·기구류 등 건강기능식품취급시설은 그 특성에 따라 건강기능식품의 기준 및 규격에서 정하고 있는 제조기준에 적합한 것이어야 한다.

(2) 제조하는 품목의 특성에 따라 원료의 선별·세척·칭량·배합·배양·추출 ·농축·정제·살균·성형·충전·포장 등에 필요한 기계·기구류 등의 시설을 갖추어야 한다.

(3) 취급시설 중 건강기능식품과 직접 접촉하는 부분은 위생적인 내수성 재질[스테인레스·알루미늄·에프알피(FRP)·테프론 등 물을 흡수하지 아니하는 것을 말한다. 이하 같다]로서 세척하기 쉬우며, 열탕·증기 ·살균제 등으로 소독·살균이 가능한 것이어야 한다.

(4) 냉동·냉장시설 및 가열처리시설에는 온도계 또는 온도를 측정할 수 있는 계기를 설치하여야 하며, 적정온도가 유지되도록 관리하여야 한다.

라. 급수시설

(1) 수돗물이나 「먹는물관리법」에 적합한 지하수 등을 공급할 수 있는 시설을 갖추어야 한다.

(2) 지하수 등을 사용하는 경우 취수원은 화장실·폐기물처리시설 및 동물사육장 그 밖에 지하수가 오염될 우려가 있는 장소로부터 20미터 이상 떨어진 곳에 위치하여야 한다.

마. 화장실

(1) 작업장에 영향을 미치지 아니하는 곳에 정화조를 갖춘 수세식화장실을 설치하여야 한다. 다만, 인근에 사용하기 편리한 화장실이 있는 경우에는 화장실을 따로 설치하지 아니할 수 있다.

(2) 화장실은 콘크리트 등으로 내수처리를 하여야 하고, 바닥과 내벽(바닥으로부터 1.5미터까지)에는 타일 등을 붙이거나 방수페인트로 칠하여야 한다.

바. 탈의실 및 수세시설

(1) 탈의실 및 수세시설은 작업장과 분리하고, 작업자가 위생적으로 이용할 수 있도록 충분한 시설을 갖추어야 한다.

(2) 탈의실은 외부로 통하는 환기시설을 갖추고 있어야 하며, 청결한 상태가 유지되어야 한다.

사. 창고 등 보관시설

원재료, 반제품, 완제품 및 반송품 등을 분리 또는 구획하여 위생적으로 보관·관리할 수 있는 충분한 넓이의 창고 등 보관시설을 갖추어야 하며, 그 바닥에는 양탄자를 설치하여서는 아니된다. 다만, 제품의 특성에 따라 창고에 갈음할 수 있는 냉동·냉장시설을 따로 갖춘 업소에서는 이를 설치하지 아니할 수 있다.

아. 품질관리실

자가품질검사, 원료검사 및 제조단계별 품질관리를 위한 품질관리실과 그 시험검사 등에 필요한 기계·기구 및 시약류 등을 갖추어야 하며, 영업자가 2개 이상의 제조업소(「식품위생법」 제21조제1항제1호 및 「약사법」 제26조제1항의 규정에 의한 제조업소를 포함한다)를 운영하는 경우에는 이를 공동으로 사용할 수 있다. 다만, 법 제21조제2항의 규정에 의하여 식품의약품안전처장이 영업자가 직접 검사하기 적합하지 아니하여 다른 검사기관에 위탁하여 검사할 수 있다고 정하는 경우에는 그러하지 아니하다.

자. 시설기준 적용의 특례

(1) 건강기능식품전문제조업자가 생산능력이 부족하거나 일부 제조시설이 미비한 경우에는 건강기능식품전문제조업의 허가를 받은 자에게 당해 제품을 위탁하여 제조할 수 있다.

(2) 건강기능식품제조업자 또는 건강기능식품유통전문판매업자로부터 제품생산을 위탁 또는 의뢰받아 생산할 수 있는 건강기능식품전문제조업소는 법 제22조제2항의 규정에 따라 우수건강기능식품제조기준 적용업소로 지정받은 경우에 한한다.

(3) 건강기능식품의 제조시설은 식품 또는 식품첨가물의 제조에 이용될 수 있다. 다만, 제품 상호간에 오염의 우려가 있다고 식품의약품안전처장이 인정하여 고시하는 경우에는 그러하지 아니하다.

(4) 「약사법」 제31조에 따라 식품의약품안전처장의 허가를 받아 의약품 제조업을 하고 있는 자가 건강기능식품제조업을 함께 영위하고자 하는 경우에는 제조하는 의약품이 건강기능식품에 오염될 우려가 없다

고 식품의약품안전처장이 인정하여 고시하는 경우에 한하여 당해 의약품제조시설을 건강기능식품제조시설로 이용할 수 있다.

2. 건강기능식품벤처제조업

가. 건강기능식품벤처제조업은 「벤처기업육성에 관한 특별조치법」 제2조의2에 따른 벤처기업의 요건을 갖추고, 같은 법 제25조에 따라 벤처기업확인서를 받은 벤처기업이어야 한다.

나. 건강기능식품벤처제조업자는 영 제2조제1호 가목의 건강기능식품전문제조업소의 제조시설을 이용하여야 한다.

다. 건강기능식품벤처제조업자는 「벤처기업육성에 관한 특별조치법 시행령」 제18조의4에 따른 벤처기업확인서의 유효기간 만료일 이내에 같은 법 제25조에 따른 벤처기업확인서를 받아야 한다.

라. 건강기능식품벤처제조업자는 건강기능식품의 기능성 원료 또는 성분에 관한기술을 개발·보유하여야 한다.

3. 건강기능식품수입업

가. 영업소

영업활동을 위한 독립된 영업소가 있어야 한다. 다만, 영업활동에 지장이 없는 경우에는 다른 영업소를 함께 사용할 수 있다.

나. 창고 등 보관시설

(1) 건강기능식품을 위생적으로 보관할 수 있는 충분한 넓이의 창고 등 보관시설을 갖추어야 한다. 이 경우 보관시설은 영업신고를 한 소재지와 다른 곳에 설치하거나 임차하여 사용할 수 있다. 다만, 영업소에 제품을 보관·관리할 수 있는 충분한 넓이의 공간이 있거나, 별도의 창고 등 보관시설을 둘 필요가 없는 경우에는 그러하지 아니하다.

(2) 보관시설은 쥐·해충 등을 막을 수 있는 시설을 갖추어야 한다.

4. 건강기능식품일반판매업

가. 영업소

영업활동을 위한 독립된 영업소가 있어야 하며, 영업활동에 지장이 없는 경우에는 다른 영업소를 함께 사용하거나 사무소만 둘 수 있다.

나. 진열대 또는 판매대

건강기능식품일반판매업소에 판매장을 두는 경우에는 해당 판매장에 건강기능식품을 위생적으로 보관·판매할 수 있는 진열대 또는 판매대(냉장·냉동제품은 반드시 냉동·냉장고)를 설치하여야 한다. 이 경우 일반식품의 판매장에 인접하여 판매장을 두는 경우에는 건강기능식품임을 구분·표시하는 방법으로 일반 식품의 진열대 또는 판매대를 공동으로 사용할 수 있다.

다. 창고 등 보관시설

(1) 건강기능식품을 위생적으로 보관할 수 있는 충분한 창고 등 보관시설을 갖추어야 한다. 이 경우 보관시설은 영업신고를 한 영업소의 소재지와 다른 곳에 설치하거나 임차하여 사용할 수 있다. 다만, 영업소에 제품을 보관·관리할 수 있는 충분한 넓이의 전용판매시설을 설치하였거나, 별도의 창고 등 보관시설을 둘 필요가 없는 경우에는 그러하지 아니하다.

(2) 보관시설은 쥐·해충 등을 막을 수 있는 시설을 갖추어야 한다.

5. 건강기능식품유통전문판매업

가. 영업소

영업활동을 위한 독립된 영업소가 있어야 한다. 다만, 영업활동에 지장이 없는 경우에는 다른 영업소를 함께 사용할 수 있다.

나. 위탁생산시설

건강기능식품유통전문판매업자는 영 제2조제1호 가목의 건강기능식품전문제조업소의 제조시설을 이용하여야 한다.

다. 창고 등 보관시설

(1) 건강기능식품을 위생적으로 보관할 수 있는 충분한 창고 등 보관시설을 갖추어야 한다. 이 경우 보관시설은 영업신고를 한 영업소의 소재지와 다른 곳에 설치하거나 임차하여 사용할 수 있다.

(2) 보관시설은 쥐·해충 등을 막을 수 있는 시설을 갖추어야 한다.

[별표 2] 〈개정 2013.3.23〉

건강기능식품의 수입신고 및 검사방법 (제10조관련)

1. 검사의 종류 및 대상

가. 서류검사 및 그 대상

서류검사라 함은 신고서류 등을 검토하여 그 적부를 판단하는 검사를 말하며, 다음의 건강기능식품을 대상으로 한다. 다만,(1) 내지(3)의 적부를 판단하는 검사에서 법 제14조, 법 제15조 또는 법 제17조의 규정에 의한 기준·규격, 원료 또는 성분, 표시기준에 대한 검사를 포함하지 아니할 수 있다.

(1) 「대외무역법 시행령」 제26조제1항제1호·제2호에 따른 외화획득용으로 수입하는 건강기능식품

(2) 연구·조사에 사용하는 건강기능식품(법 제14조제2항 및 법 제15조제2항의 규정에 따라 건강기능식품이나 원료 또는 성분으로 인정받기 위하여 수입하는 일정량의 연구·조사용 제품을 포함한다)

(3) 외화획득을 위한 박람회·전시회 등에 사용하기 위하여 수입하는 건강기능식품

(4) 법 제8조제3항제1호의 규정에 의한 수입건강기능식품사전확인등록을 하고 수입하는 건강기능식품(최초로 수입하는 건강기능식품은 제외한다)

(5) 다목의 정밀검사를 받았던 것 중 제조국·제조업소·제품명·제조방법·원료 및 배합비율이 같은 건강기능식품

(6) 종전에 실시한 정밀검사 결과 부적합판정을 받은 적이 없는 건강기능식품으로서 안전성이 확보되었다고 식품의약품안전처장이 인정하는 건강기능식품

(7) 건강기능식품제조업의 영업허가를 받은 자가 자사의 제품을 생산하기 위하여 직접 또는 위탁하여 원료로 수입하는 건강기능식품

(8) 직접 제조·가공하지 아니하고 타인에게 의뢰하여 제조·가공된 건강기능식품을 자신의 상표로 유통·판매하는 영업을 하는 자가 자신이 제조·가공을 의뢰한 제품의 원료로 수입하는 건강기능식품

나. 관능검사 및 그 대상

관능검사라 함은 서류검사에 추가하여 제품의 성상·맛·냄새·색깔·표

시·포장상태·정밀검사이력 등을 종합하여 식품의약품안전처장이 정하는 기준에 따라 그 적부를 판단하는 검사로서 가목의 서류검사의 대상중 다음의 각 항목의 1에 해당하는 건강기능식품을 대상으로 한다.

(1) 사실확인이 필요하다고 지방식품의약품안전청장이 인정하는 경우
(2) 중요한 위해사실이 있다고 지방식품의약품안전청장이 인정하는 경우

다. 정밀검사 및 그 대상

정밀검사라 함은 서류검사 및 관능검사에 추가하여 물리적·화학적 또는 미생물학적 방법에 따라 실시하는 검사로서 다음 각 항목의 1에 해당하는 건강기능식품을 대상으로 한다.

(1) 최초로 수입하는 건강기능식품
(2) 서류검사 및 관능검사 결과 식품위생상의 위해가 발생할 우려가 있다고 인정되는 건강기능식품
(3) 국내외에서 유해물질이 함유된 것으로 알려져 문제가 제기된 건강기능식품
(4) 제10조제4항의 규정에 의한 부적합한 건강기능식품에 대한 조치를 이행하지 아니한 수입신고인이 3년 이내에 수입하는 건강기능식품
(5) 수입신고에 따른 정밀검사나 무작위표본검사 또는 법 제20조의 규정에 의한 수거검사 결과 부적합으로 처분을 받은 수입신고인이 5회 이내에 재수입하는 건강기능식품(부적합처분을 받은 것과 제조국·제조업소·제품명·제조방법·원료 및 배합비율이 같은 건강기능식품에 한한다)
(6) 허위서류를 첨부하는 등의 부정한 방법으로 적합 판정을 받아 수입한 사실이 밝혀진 영업자가 3년 이내에 수입하는 건강기능식품
(7)(1)에 따라 정밀검사를 한 건강기능식품 중 법 제14조 및 법 제15조에 따라 정하여 고시하거나 인정한 기준·규격 또는 원료·성분이 신설되거나 강화된 건강기능식품
(8) 제2호 가목(2)의 규정에 의하여 정밀검사를 받았던 건강기능식품 중 제조국·제조업소·제품명·제조방법·원료 및 배합비율이 같은 것으로서 3년 이내에 최소 수입량 이상으로 재수입하는 건강기능식품

라. 무작위표본검사 및 그 대상

무작위표본검사라 함은 제1호 가목 및 나목의 검사대상이 되는 건강기능식품 중 식품의약품안전처장이 정하는 바에 따라 실시하는 정밀검사를 말한다.

2. 수입건강기능식품의 검사방법 등

가. 일반사항

(1) 지방식품의약품안전청장은 수입건강기능식품에 대하여 그 검사 결과의 확인 전에 당해 건강기능식품이 유출될 우려가 있다고 판단되는 경우에는 봉인 등 필요한 조치를 취할 수 있다.

(2) 식품의약품안전처장이 고시한 수입 최소량(이하 "수입 최소량"이라 한다) 미만으로 수입신고하는 경우에는 정밀검사를 실시하여야 한다.

(3) 삭제 〈2006.11.20〉

나. 검사대상물의 정밀검사방법 및 그 결과의 통보

(1) 지방식품의약품안전청장이 수입건강기능식품의 검사대상물에 대한 정밀검사를 실시하는 경우에는 법 제14조 또는 법 제15조의 규정에 따라 식품의약품안전처장이 고시하거나 인정한 건강기능식품의 기준·규격 또는 원료·성분에 관한 규정의 적합여부에 대하여 행하여야 한다. 이 경우 식품의약품안전처장이 정한 중점검사항목 및 위해성에 대한 정보가 있는 항목을 중점적으로 검사할 수 있으며, 제1호 다목(7)에 따라 정밀검사를 받아야 하는 건강기능식품은 신설되거나 강화된 항목을 중점적으로 검사할 수 있다.

(2) 수입되는 건강기능식품에 대한 기준·규격 또는 원료·성분 등의 검사는 이전의 정밀검사 결과 등을 고려하여 그 부적합빈도가 높거나 인체의 위해도가 높은 항목, 잔류농약·중금속 또는 병원미생물 등의 항목에 대하여 중점적으로 검사할 수 있다.

다. 국내외 공인검사기관의 검사증명서 또는 검사성적서 인정

수입신고인이 식품의약품안전처장이 인정하는 국내외 공인검사기관의 검사증명서 또는 검사성적서를 제출하는 경우에는 당해 건강기능식품에 대한 정밀검사를 전부 또는 일부를 생략할 수 있다.

3. 신고 및 검사업무의 세부기준

수입건강기능식품의 신고 및 검사업무와 관련한 세부처리요령은 식품의약품안전처장이 정하여 고시한다.

[별표 3] 〈개정 2013.3.23〉

수입건강기능식품사전확인등록기준 및 절차 등 (제11조관련)

1. 사전확인등록 신청대상 건강기능식품

우리나라에 수출하고자 하는 건강기능식품 중 법 제8조제3항제1호의 규정에 따라 사전확인등록을 하고자 하는 건강기능식품

2. 사전확인등록 신청인 및 사전확인내용

가. 신청인 : 우리나라에 수출하고자 하는 건강기능식품을 제조하는 자(이하 이 표에서 "제조자"라 한다)

나. 사전확인 내용

식품의약품안전처장은 다음 사항이 적합한지를 제출된 서류와 현지실사를 통하여 확인하여야 한다.

(1) 법 제4조의 규정에 의한 시설기준에 적합한지의 여부

(2) 법 제14조, 법 제15조 및 법 제17조의 규정에 의한 기준과 규격 등에 적합한지의 여부

(3) 법 제18조의 규정에 의한 허위표시 등에 해당하는지의 여부

(4) 법 제23조 내지 제26조의 규정에 의한 판매 등의 금지사유에 해당하는지의 여부

3. 사전확인등록의 취소

가. 식품의약품안전처장은 사전확인등록된 건강기능식품이 다음 각 항목의 1에 해당하는 경우에는 그 등록을 취소할 수 있다.

(1) 제2호 나목의 사전확인내용에 적합하지 아니한 사실이 발견된 때

(2) 제11조제3항의 내용을 변경하고 이에 대한 변경사항을 제출하지 아니한 때

(3) 국내외 공인검사성적서(또는 공인검사증명서) 및 제출된 서류 등이 허위로 판명된 때

나. 식품의약품안전처장은 사전확인등록을 취소한 때에는 취소사유와 일자 등을 수출국 정부를 통하여 제조자에게 통지한다.

4. 사전확인등록 건강기능식품의 수입신고 처리 등

가. 수입신고 및 신고증 교부

(1) 등록된 건강기능식품을 수입하고자 하는 자(이하 이 표에서 "수입자"라 한다)는 법 제8조의 규정에 따른 건강기능식품 수입신고서(이하 이 표에서 "신고서"라 한다)에 당해 건강기능식품의 사전확인등록 번호를 함께 기재하여 지방식품의약품안전청장에게 제출하여야 한다.

(2) 지방식품의약품안전청장은 등록번호를 기재한 신고서에 대하여는 별표 2의 제1호 가목의 규정에 의한 서류검사를 실시한 후 지체없이 건강기능식품수입신고필증을 수입자에게 교부하여야 한다.

나. 사전확인등록 건강기능식품의 정밀검사 실시

(1) 식품의약품안전처장은 등록된 건강기능식품의 안전성에 문제가 있다고 인정되는 경우에는 별표 2의 제1호 다목의 규정에 의한 정밀검사를 실시할 수 있다.

(2) 식품의약품안전처장은(1)의 규정에 따라 정밀검사를 실시한 경우에는 이 사실을 수출국 정부를 통하여 제조자에게 통지한다.

[별표 4] 〈개정 2013.3.23〉

영업자준수사항 (제12조관련)

1. 건강기능식품제조업

가. 건강기능식품전문제조업자는 건강기능식품의 제조과정에서 보건위생상 위해가 없도록 제조시설 및 기구 등을 위생적으로 관리하고, 정기적으로 점검하여 작업에 지장이 없도록 유지·관리하여야 한다.

나. 건강기능식품제조업자는 영업허가증, 품목제조신고증, 법 제14조제2항 및 제15조제2항에 따른 인정 서류(인정서가 있는 경우에 한정한다) 및 기능성 표시·광고사전심의필증을 비치·관리하여야 한다.

다. 건강기능식품제조업자는 생산 및 작업기록에 관한 서류와 원료의 입고·출고·사용에 관한 원료수불 관계서류를 작성·비치하여야 하고, 이를 최종기재일로부터 3년간 보관하여야 한다. 이 경우 제조하는 제품의 제품표준서, 제조관리기준서 및 제조관리기록서를 작성·비치하는 것으로 이를 갈음할 수 있다.

라. 건강기능식품제조업자는 건강기능식품거래현황에 대하여 판매업소명, 제품명, 수량, 공급일자 등 거래명세내역, 반품처리 내역, 건강기능식품 위해사실(부작용 발생사례를 포함한다) 접수 및 처리 내역을 비치하고, 이를 2년간 보관하여야 한다.

마. 건강기능식품전문제조업자는 수돗물이 아닌 지하수 등을 건강기능식품의 제조에 사용하는 때에는 「먹는물관리법」 제43조에 따른 먹는물수질검사기관에서 1년(마시는 형태의 건강기능식품인 경우에는 6월)마다 「먹는물관리법」 제5조에 따른 먹는물의 수질기준에 따라 검사를 받아 마시기에 적합하다고 인정된 물을 사용하여야 한다.

바. 건강기능식품전문제조업자는 이 법에 의한 영업허가를 받지 아니하거나 영업신고를 하지 아니한 자로부터 위탁 또는 의뢰받아 건강기능식품을 제조하여서는 아니된다.

사. 건강기능식품제조업자는 유전자재조합기술을 이용하여 건강기능식품을 제조하는 경우에는 식품의약품안전처장이 정하여 고시하는 유전자재조합관련규정을 준수하여야 한다.

아. 건강기능식품제조업자는 유전자재조합 표시대상에 해당하는 건강기능식품을 제조하거나 제조하여 판매하는 경우로서 유전자재조합식품이라는

표시를 하지 아니한 때에는 구분유통증명서 등 해당 사유를 입증하는 증명서를 제조일로부터 2년간 보관하여야 한다.

자. 건강기능식품제조업자는 출고된 건강기능식품이 안전성·기능성의 문제가 있거나 품질이 불량한 때에는 당해 제품을 스스로 회수하고, 그 기록을 2년간 보관하여야 한다.

차. 건강기능식품제조업자는 건강기능식품으로 인하여 발생하였다고 의심되는 위해사실(부작용 발생사례를 포함한다)을 알게 된 경우에는 그 사실을 식품의약품안전처장이 지정하여 고시하는 기관에 지체없이 보고하여야 하며, 필요한 안전대책을 강구하여야 한다.

카. 건강기능식품제조업자는 행정처분기준에 따라 시정명령·폐기처분·시설개수명령 등 사후조치가 필요한 행정처분을 받은 경우에는 그 처분에 따른 사후조치를 이행하고, 이행결과를 지체없이 처분청에 보고하여야 한다.

타. 건강기능식품을 위탁하여 제조하는 경우에는 위탁자 또는 수탁자가 자가품질검사을 실시할 수 있다.

파. 건강기능식품제조업자는 우수건강기능식품제조기준 적용업소로 지정받지 아니한 업소에 제품생산을 위탁하여 제조하여서는 아니되며, 우수건강기능식품제조기준 적용업소로 지정받지 아니한 업소는 제품생산을 위탁받거나 의뢰받아 해당제품을 제조하여서는 아니된다.

2. 건강기능식품수입업

가. 건강기능식품의 수입·보존·유통시 보건위생상 위해가 없도록 보관시설 등을 정기적으로 점검하고, 위생적으로 관리하여야 한다.

나. 영업신고증, 법 제14조제2항 및 제15조제2항에 따른 인정 서류(인정서가 있는 경우에 한정한다) 및 기능성 표시·광고사전심의필증을 비치·관 리하여야 한다.

다. 건강기능식품의 수입신고증, 선적서·내용명세서(송장) 및 판매 현황기록을 수입일로부터 2년간 보관하여야 한다. 다만, 유통기한이 2년 이상인 경우에는 유통기한 종료시까지 보관하여야 한다.

라. 건강기능식품 거래현황에 대하여 판매업소명, 제품명, 수량, 공급일자 등 거래명세내역, 반품처리 내역, 건강기능식품 위해사실(부작용 발생사례를 포함한다) 접수 및 처리 내역을 비치하고 이를 2년간 보관하여야 한다.

마. 유전자재조합기술을 이용하여 제조한 건강기능식품을 수입하는 경우에는 식품의약품안전처장이 정하여 고시하는 유전자재조합관련규정을 준수하여야 한다.

바. 유전자재조합 표시대상에 해당하는 건강기능식품을 수입하는 경우로서 유전자 재조합식품이라는 표시를 하지 아니한 때에는 구분유통증명서 등 해당사유를 입증하는 증명서를 그 제품의 수입일로부터 2년간 보관하여야 한다.

사. 수입된 건강기능식품이 안전성·기능성의 문제가 있거나 품질이 불량한 때에는 당해 제품을 스스로 회수하고, 그 기록을 2년간 보관하여야 한다.

아. 건강기능식품 수입업자는 건강기능식품으로 인하여 발생하였다고 의심되는 위해사실(부작용 발생사례를 포함한다)을 알게 된 경우에는 그 사실을 식품의약품안전처장이 지정하여 고시하는 기관에 지체없이 보고하여야 하며, 필요한 안전대책을 강구하여야 한다.

자. 건강기능식품수입업자는 행정처분기준에 따라 시정명령·폐기처분·시설개수명령 등 사후조치가 필요한 행정처분을 받은 경우에는 그 처분에 따른 사후조치를 이행하고, 이행결과를 지체없이 처분청에 보고하여야 한다.

3. 건강기능식품판매업

가. 건강기능식품의 보존·유통판매시 보건위생상 위해가 없도록 보관·진열 및 판매시설 등을 정기적으로 점검하고, 위생적으로 관리하여야 한다.

나. 영업신고증 및 기능성 표시·광고사전심의필증(기능성 표시·광고사전심의필증을 받은 경우에 한한다)을 보관하여야 한다.

다. 건강기능식품일반판매업자는 공급받은 건강기능식품의 내역을, 건강기능식품유통전문판매업자는 건강기능식품 위해사실(부작용 발생사례를 포함한다) 접수 및 처리 내역을 각각 2년간 보관하여야 한다.

라. 건강기능식품판매업자는 행정처분기준에 따라 시정명령·폐기처분·시설개수명령 등 사후조치가 필요한 행정처분을 받은 경우에는 그 처분에 따른 사후조치를 이행하고, 이행결과를 지체없이 처분청에 보고하여야 한다.

마. 방문판매업자등은 방문판매원등이 판매하려는 건강기능식품에 대하여 질병의 예방 및 치료에 효능·효과가 있거나 의약품으로 오인·혼동할 우려가 있는 허위·과대의 표시·광고 행위를 하지 아니하도록 관리하여야 한다.

바. 건강기능식품유통전문판매업자는 우수건강기능식품제조기준 적용업소로 지정받은 업소에 한하여 제품 생산을 의뢰하여야 한다.

사. 방문판매업자등은 방문판매원등의 성명·주소·주민등록번호·전화번호·등록일자·등록번호 등을 기록한 명부를 영업소에 비치하여야 하며, 등록된 방문판매원등이 바뀐 경우에는 그 내용을 영업소 소재지 관할 시장

·군수·구청장에게 분기별로(다음 분기가 시작되는 달의 월말까지) 통보하여야 한다.

아. 건강기능식품유통전문판매업자는 건강기능식품으로 인하여 발생하였다고 의심되는 위해사실(부작용 발생사례를 포함한다)을 알게 된 경우에는 그 사실을 식품의약품안전처장이 지정하여 고시하는 기관에 지체 없이 보고하여야 하며, 필요한 안전대책을 마련하여야 한다.

[별표 5] 〈개정 2013.3.23〉

허위·과대의 표시·광고의 범위 (제21조관련)

1. 질병의 예방 및 치료에 효능·효과가 있거나 의약품으로 오인·혼동할 우려가 있는 내용의 표시·광고에 해당하는 경우

가. 질병 또는 질병군의 발생을 사전에 방지한다는 내용의 표시·광고

나. 질병 또는 질병군에 효과가 있다는 내용의 표시·광고. 다만, 질병이 아닌 인체의 구조 및 기능에 대한 보건용도의 유용한 효과는 해당되지 아니한다.

다. 질병의 특징적인 징후 또는 증상에 대하여 효과가 있다는 내용의 표시·광고

라. 제품명, 학술자료, 사진 등을 활용하여 질병과의 연관성을 암시하는 표시·광고. 다만, 질병의 발생 위험을 감소시키는데 도움이 된다는 표시·광고의 경우에는 해당되지 아니한다.

마. 의약품에 포함된다는 내용의 표시·광고

바. 의약품을 대체할 수 있다는 내용의 표시·광고

사. 의약품의 효능 또는 질병 치료의 효과를 증가시킨다는 내용의 표시·광고

2. 사실과 다르거나 과장된 표시·광고에 해당하는 경우

가. 법 제5조 내지 법 제7조의 규정에 따라 허가받은 사항이나 신고한 사항 또는 법 제8조의 규정에 따라 수입신고한 사항과 다른 내용의 표시·광고

나. 식품의약품안전처장이 인정하지 아니한 기능성을 나타내는 내용의 표시·광고

다. 정부 또는 관련공인기관의 수상·인증·선정·특허와 관련하여 사실과 다른 내용의 표시·광고

라. 삭제 〈2008.9.22〉

3. 소비자를 기만하거나 오인·혼동시킬 우려가 있는 표시·광고에 해당하는 경우

가. 각종의 감사장 또는 체험기 등을 이용하거나 "주문쇄도", "단체추천" 또는 이와 유사한 내용을 표현하는 광고

나. 의사, 치과의사, 한의사, 수의사, 약사, 한약사, 대학교수 또는 그 밖의 자

가 제품의 기능성을 보증하거나, 제품을 지정·공인·추천·지도 또는 사용하고 있다는 내용 등의 표시·광고. 다만, 해당제품의 연구·개발에 직접 참여한 사실을 표시·광고하는 경우를 제외한다.

다. 외국어의 사용 등으로 외국제품으로 혼동할 우려가 있는 표시·광고 또는 외국과 기술 제휴한 것으로 혼동할 우려가 있는 내용의 표시·광고

라. 해당 제품의 제조방법·품질·영양소·원재료·성분 또는 효과와 직접 관련이 적은 내용을 강조함으로써 다른 업소의 제품을 간접적으로 다르게 인식되게 하는 광고

마. 비교표시·광고의 경우 그 비교대상 및 비교기준이 명확하지 아니하거나 비교내용 및 비교방법이 적정하지 아니한 내용의 표시·광고

4. 의약품의 용도로만 사용되는 명칭(한약의 처방명을 포함한다)의 표시·광고의 경우

[별표 6] 법 제24조제3항의 규정에 따라 식품의약품안전처장이 정한 의약품의 용도로만 사용되는 원료에 관한 내용의 표시·광고

건강기능식품 등의 수거량 (제23조관련)

건강기능식품의 종류	수거량	비고
액상제품	600g(㎖)	1. 수거량은 검사대상물의 개수별 무게 또는 용량을 모두 합한 것을 말하며 검사에 필요한 시험재료(검사대상물)는 수거량의 범위안에서 수거하여야 한다. 다만, 검사대상물의 최소포장단위가 수거량을 초과하더라도 검사대상물채취로 인한 오염 등으로 검사결과에 영향을 줄 우려가 있다고 판단될 때에는 최소포장단위 그대로 채취할 수 있다. 2. 세균검사항목이 있는 건강기능식품은 6개를 수거하여야 하며 이 경우 수거량을 초과하여 수거할 수 있다. 3. 2개 이상을 수거하는 경우에는 그 용기 또는 포장과 제조연월일이 같은 것이어야 한다. 4. 용량검사를 하여야 하는 경우에는 수거량을 초과하더라도 건강기능식품의 기준 및 규격에서 정한 용량검사에 필요한 양을 추가하여 수거할 수 있다.
정제·캅셀·분말·과립·환제품	200g(㎖)	
그 밖의 건강기능식품	400g(㎖)	
원료 또는 성분 • 자연산물 • 성분	 1㎏ 500g	

[별표 7] 〈개정 2013.3.23〉

자가품질검사기준 (제25조관련)

1. 건강기능식품의 검사
   가. 자가품질검사는 판매를 목적으로 제조하는 품목별로 실시하여야 한다.
   나. 자가품질검사주기의 적용시점은 제품의 제조일 기준으로 산정한다.
   다. 검사항목의 적용은 당해 제품의 해당 검사항목에 한한다. 다만, 건강기능식품 제조과정중 특정 식품첨가물을 사용하지 아니한 경우에는 해당 항목을 생략할 수 있다.
   라. 자가품질검사는 다음의 구분에 의하여 실시하여야 한다.
      (1) 건강기능식품(기능성 원료 또는 성분 제외) : 1월마다 1회 이상 공통 및 개별 기준·규격 항목
      (2) 기능성 원료 또는 성분 : 제조단위(롯트)별 1회 이상 기준·규격 항목
      (3) 사용하는 원재료 및 용기·포장(다만, 해당 제품의 제조업소에서 자가품질검사 또는 공인검사기관에서 검사한 결과 적합한 시험성적서가 있는 경우에는 생략할 수 있다)
         (가) 해당 원재료 제품별 관련 규정에 의한 기준·규격 항목 : 1월마다 1회 이상
         (나) 해당 용기·포장 제품별 관련 규정에 의한 기준·규격 항목 : 6월마다 1회 이상
2. 그 밖에 자가품질검사와 관련한 세부사항은 식품의약품안전처장이 정하여 고시한다.

[별표 8] 〈개정 2008.9.22〉

우수건강기능식품제조기준적용업소의 지정취소 등 기준 (제28조관련)

위반사항	근거법령	처분기준
1. 우수건강기능식품제조기준(GMP)을 준수하지 아니하여 판정기준에 적합하지 아니한 때	법 제22조 제4항	시정
2. 법 제32조의 규정에 따라 2개월 이상의 영업정지 처분을 받은 때 또는 그에 갈음하여 과징금처분을 받은 때	법 제22조 제4항	지정취소
3. 영업자 및 종업원이 교육훈련을 받지 아니한 때	법 제22조 제4항	시정
4. 위의 제1호 또는 제3호 위반으로 시정조치를 받고 이를 계속하여 2회 이상 이행하지 아니한 때	법 제22조 제4항	지정취소

[별표 9] 〈개정 2011.4.1〉

행정처분기준 (제31조관련)

Ⅰ. 일반기준

1. 2 이상의 위반행위가 적발된 경우로서
   가. 그 위반행위가 영업정지에만 해당하거나, 한 품목 또는 품목류(건강기능식품의 기준 및 규격중 동일한 기준 및 규격을 적용받아 제조·가공되는 모든 품목을 말한다. 이하 같다)에 대하여 품목 또는 품목류제조정지에만 해당하는 때에는 가장 중한 정지처분기간에 나머지 각각의 정지처분기간의 2분의 1을 더하여 처분한다.
   나. 그 위반행위가 1 이상의 영업정지와 1 이상의 품목 또는 품목류제조정지에 해당하는 때에는 각각의 영업정지·품목 또는 품목류제조정지처분기간을 가목에 따라 산정한 후 그 영업정지기간이 품목 또는 품목류제조정지기간보다 길거나 같으면 그 영업정지처분만을 하고, 그 영업정지기간이 품목 또는 품목류제조정지기간보다 짧으면 그 영업정지처분과 그 초과기간에 대한 품목 또는 품목류제조정지처분을 병과하며, 그 위반행위가 1 이상의 품목류제조정지와 1 이상의 품목제조정지에 해당하는 때에는 이를 준용하여 처분한다.
2. 위반행위의 차수에 따른 행정처분의 기준은 최근 1년간(법 제23조의 위반은 3년간) 같은 위반행위(품목류의 경우에는 같은 품목에 대한 같은 위반행위를 말한다. 이하 같다)로 행정처분을 받을 경우에 적용한다. 기준적용일은 위반사항에 대한 행정처분일과 그 처분후의 재적발일(수거검사에 의한 경우에는 검사결과를 허가 또는 신고관청이 접수한 날)을 기준으로 한다.
3. 같은 날 제조한 같은 품목에 대하여 같은 위반사항이 적발되는 경우에는 같은 위반행위로 본다. 다만, 허위·과대광고는 같은 품목에 대하여 같은 날에 같은 매체로 광고한 경우 같은 위반행위로 본다.
4. 4차위반의 경우에 있어서 3차위반의 처분기준이 품목 또는 품목류제조정지인 경우에는 품목 또는 품목류제조정지 6월의 처분을 하고, 영업정지인 경우에는 영업허가취소 또는 영업소폐쇄를 하여야 한다.
5. 제1호 각목의 규정에 의하여 행정처분이 있은 뒤에 다시 행정처분을 하게 되는 경우 그 위반행위의 차수에 따른 행정처분의 기준을 적용함에 있어서는 종전의 행정처분의 사유가 된 각각의 위반행위에 대하여 각각 행정처분을 한 것으로 본다.
6. 제품의 검사결과에 따른 위반행위에 대한 행정처분의 경우에는 그 위반행

위가 당해 제품의 제조·운반·진열·보관 또는 판매과정 중의 어느 과정에서 기인하는지 여부를 판단하여 그 원인제공자에 대하여 처분하여야 한다. 다만, 수입품인 경우에는 제조·수입과정에서 기인하였다하여도 수입자에 대하여 처분할 수 있고, 제조자 또는 유통전문판매자가 위탁제조한 제품의 경우 그 위반행위의 원인제공자가 당해 제품을 제조한 영업자라 하더라도 "당해 제품을 제조한 영업자"(수탁자)와 "위탁생산을 의뢰한 당해 제조자 및 유통전문판매자"(위탁자)에 대하여 함께 처분할 수 있다.

7. 제6호 단서의 규정에 의하여 유통전문판매영업자에 대하여 행정처분을 하는 경우 그 처분의 양형이 품목 또는 품목류제조정지에 해당하는 때에는 이를 각각 그 위반행위의 원인제공자인 제조업소에서 제조한 당해 품목 또는 품목류의 판매정지에 해당하는 것으로 본다.
8. 건강기능식품수입업소에 대한 행정처분의 경우 그 처분의 양형이 품목제조정지에 해당하는 때에는 품목제조정지기간의 3분의 1에 해당하는 기간으로 영업정지처분을 하고, 그 처분의 양형이 품목류제조정지에 해당하는 때에는 품목류제조정지기간의 2분의 1에 해당하는 기간으로 영업정지처분을 하여야 한다.
9. 다음 각목의 1에 해당되어 영업정지 또는 품목·품목류제조정지에 해당하는 경우에는 정지처분기간의 2분의 1 이하의 범위내에서, 영업허가취소 또는 영업장폐쇄에 해당하는 경우에는 영업정지 3월 이상의 범위내에서 각각 경감할 수 있다.
   가. 건강기능식품의 기준 및 규격 위반사항중 그 위반의 정도가 경미한 사항으로서 국민보건상 인체의 건강을 해할 우려가 없다고 인정되는 때
   나. 표시기준의 위반사항중 일부 제품에 대한 제조일자 등의 표시누락 등 그 위반사유가 영업자의 고의나 과실이 아닌 단순한 기계작동상의 오류에 기인한다고 인정되는 때
   다. 건강기능식품을 제조하거나 수입만 하고 시중에 유통시키지 아니한 때
   라. 식품위생법 제31조의2의 규정에 의하여 건강기능식품의 자진회수를 성실히 이행하였다고 인정되는 때
   마. 건강기능식품판매업의 위반사항중 그 위반의 정도가 경미하거나 고의성이 없는 사소한 부주의로 인한 것인 때
   바. 해당 위반사항에 관하여 검사로부터 기소유예의 처분을 받거나 법원으로부터 선고유예의 판결을 받은 때
   사. 건강기능식품을 제조·가공·수입·판매하는 자로서 건강기능식품이력추적관리등록을 한 경우
   아. 그 밖에 건강기능식품의 수급정책상 필요하다고 인정되는 때

Ⅱ. 개별기준

위반사항	근거법령	행정처분기준		
		1차 위반	2차 위반	3차 위반
1. 법 제4조제1항의 규정에 의한 시설기준에 적합하지 아니한 때	법 제31조	시설개수명령		
2. 법 제5조제1항 전단의 규정에 따라 건강기능식품제조업의 허가를 받지 아니한 때	법 제35조	폐쇄조치		
3. 법 제5조제1항 후단의 규정에 의한 변경허거를 받지 아니한 때	법 제32조	영업정지 15일	영업정지 1월	영업정지 2월
4. 법제6조제1항·제2항의 규정에 따라 영업신고를 하지 아니하고 영업을 하는 때	법 제35조	폐쇄조치		
5. 법 제7조제1항 전단의 규정에 의한 품목제조신고를 하지 아니한 때	법 제32조	영업정지 7일	영업정지 15일	영업정지 1월
6. 법 제8조제1항의 규정에 의한 건강기능식품의 수입신고를 하지 아니한 때	법 제32조	영업정지 1월	영업정지 2월	영업정지 3월
7. 법 제10조제1항제2호·제3호 또는 제4호 위반	법 제32조			
가. 유통기한이 경과된 제품을 판매 또는 판매의 목적으로 진열·보관 하거나 건강기능식품의 제조에 사용한 때		영업정지 15일	영업정지 1월	영업정지 2월
나. 부패·변질되거나 폐기된 제품 또는 유통기한이 경과된 제품을 정당한 사유없이 교환하여 주지 아니한 때		영업정지 7일	영업정지 15일	영업정지 1월
다. 판매사례품 또는 경품제공 등 사행심을 조장하여 제품을 판매한 때		시정명령	영업정지 1월	영업정지 2월
8. 법 제11조제3항에 따라 영업자의 지위를 승계한 자가 1개월 이내에 신고를 하지 아니한 때	법 제32조	시정명령	영업정지 7일	영업정지 15일
9. 법 제12조제1항의 규정에 의한 품질관리인을 두지 아니한 때	법 제32조	영업정지 7일	영업정지 15일	영업정지 1월
10. 법 제18조제1항 위반	법 제32조 및 법 제33조			
가. 질병의 예방 및 치료에 효능·효과가 있거나 의약품으로 오인·혼동할 우려가 있는 내용의 표시·광고를 한 때		〈제조업〉 품목류 제조 정지 2월	영업정지 2월	영업정지 3월
		〈수입업·판매업〉 영업정지 1월	영업정지 2월	영업정지 3월
나. 사실과 다르거나 과장된 표시·광고를 한 때		〈제조업〉 품목제조 정지 2월	영업정지 2월	영업정지 3월
		〈수입업·판매업〉 영업정지 1월	영업정지 2월	영업정지 3월

위반사항	근거법령	행정처분기준		
		1차 위반	2차 위반	3차 위반
다. 소비자를 기만하거나 오인·혼동시킬 우려가 있는 표시·광고를 한 때		〈제조업〉 품목제조정지 2월 〈수입업·판매업〉 영업정지 1월	 영업정지 2월 영업정지 2월	 영업정지 3월 영업정지 3월
라. 의약품의 용도로만 사용되는 명칭(한약의 처방명을 포함)의 표시·광고를 한 때		〈제조업〉 품목제조정지 2월 〈수입업·판매업〉 영업정지 1월	 영업정지 2월 영업정지 2월	 영업정지 3월 영업정지 3월
마. 법 제16조제1항의 규정에 따라 심의를 받지 아니하거나 심의받은 내용과 다른 내용의 표시·광고를 한 때. 다만, 같은 위반사항으로 가목 내지 라목에 따라 처분받은 경우를 제외한다.		영업정지 2월	영업정지 3월	영업허가 취소 또는 영업소 폐쇄
11. 법 제21조제1항에 따른 자가품질검사를 실시하지 아니한 때	법제32조			
가. 검사항목의 전부를 실시하지 아니한 때		영업정지 15일	영업정지 1월	영업정지 2월
나. 검사항목 중 기능(지표)성분 검사를 하지 아니한 때		영업정지 10일	영업정지 15일	영업정지 1월
다. 나 외의 항목을 검사하지 아니한 때		영업정지 7일	영업정지 10일	영업정지 15일
12. 법 제22조제5항의 규정에 따라 우수건강기능식품제조기준적용업소로 지정받지 아니한 자가 우수건강기능식품제조기준적용업소라는 명칭이나 이와유사한 내용을 표시·광고한 때	법 제32조	영업정지 15일	영업정지 1월	영업정지 2월
13. 법 제23조의 규정에 따라 다음에 해당하는 건강기능식품을 판매하거나 판매할 목적으로 제조·수입·사용·저장 또는 운반하거나 진열하는 경우	법 제32조 및 법 제33조			
가. 썩었거나 상한 것으로서 인체의 건강을 해할 우려가 있는 것		〈제조업〉 영업정지 1월과 당해 제품폐기 〈수입업·판매업〉 영업정지 15일과 당해 제품 폐기	영업정지 2월과 당해 제품 폐기	영업정지 3월과 당해 제품 폐기
나. 유독·유해물질이 들어있거나 묻어 있는 것 또는 그 염려가 있는 것과 병원미생물에 오염되었거나 그 염려가 있어 인체의 건강을 해할 우려가 있는 것		영업허가취소 또는 영업소 폐쇄와 당해 제품 폐기	영업정지 1월과 당해 제품 폐기	영업정지 2월과 당해 제품 폐기

위반사항	근거법령	행정처분기준		
		1차 위반	2차 위반	3차 위반
다. 불결하거나 다른 물질의 혼입 또는 첨가 그 밖에 사유로 인체의 건강을 해할 우려가 있는 것		〈제조업〉 품목류 제조정지 1월과 당해 제품 폐기	영업정지 1월과 당해 제품 폐기	영업정지 2월과 당해 제품 폐기
		〈수입업·판매업〉 영업정지 7일과 당해 제품 폐기	영업정지 15일과 당해 제품 폐기	영업정지 1월과 당해 제품 폐기
라. 법 제5조제1항의 규정에 따라 영업허가를 받지 아니한 자가 제조한 것		〈제조업〉 영업정지1월과 당해 제품 폐기	영업정지 2월과 당해 제품폐기	영업정지 3월과 당해 제품폐기
		〈수입업·판매업〉 영업정지 15일과 당해 제품 폐기	영업정지 1월과 당해 제품폐기	영업정지 2월과 당해 제품폐기
마. 수입이 금지된 것 또는 법 제8조의 규정에 따라 수입신고를 하지 아니하고 수입한 것		〈제조업〉 영업정지 1월과 당해 제품 폐기	영업정지 2월과 당해 제품폐기	영업정지 3월과 당해 제품폐기
		〈수입업·판매업〉 영업정지 15일과 당해 제품 폐기	영업정지 1월과 당해 제품폐기	영업정지 2월과 당해 제품폐기
14. 법 제24조제1항 및 제2항 위반	법 제32조			
가. 기준과 규격이 정하여진 건강기능식품을 그 기준에 따라 제조·사용·보존하지 아니한 때		품목제조정지 1월과 당해 제품폐기	영업정지 1월과 당해 제품폐기	영업정지 2월과 당해 제품폐기
나. 기준과 규격이 맞지 아니하는 건강기능식품을 판매하거나 판매의 목적으로 제조·수입·사용·저장·운반·보존 또는 진열한 때				
(1) 기능(지표)성분이 부적합 한 때				
(가) 기능(지표)성분의 함량이 기준치에 대하여 10퍼센트 이하로 과부족할 때.		영업정지 10일과 해당제품 폐기	영업정지 15일과 해당제품 폐기	영업정지 1월과 해당제품 폐기
(나) 기능(지표)성분의 함량이 기준치에 대하여 10퍼센트 초과로 과부족할 때.		영업정지 15일과 해당제품 폐기	영업정지 1월과 해당제품 폐기	영업정지 2월과 해당제품 폐기

위반사항	근거법령	행정처분기준		
		1차 위반	2차 위반	3차 위반
(2) (1)에 따른 기능(지표)성분 외의 기준과 규격이 맞지 아니한 때		영업정지 15일과 해당제품 폐기	영업정지 1월과 해당제품 폐기	
다. 의약품의 용도로만 사용되는 원료를 사용한 때		품목제조정지 1월과 당해 제품폐기	영업정지 1월과 당해 제품폐기	
라. 배합·혼합비율 및 함량이 의약품과 같거나 유사한 건강기능식품을 제조한 때		품목제조정지 1월과 당해 제품폐기	영업정지 1월과 당해 제품 폐기	
마. 배합·혼합비율 및 함량이 의약품과 같거나 유사한 건강기능식품을 수입·판매 또는 진열한 때		영업정지 15일과 당해 제품폐기	영업정지 1월과 당해 제품폐기	
15. 법 제25조 위반	법제32조 및 법제33조			
가. 표시대상 건강기능식품의 표시사항 전부를 표시하지 아니하거나 표시하지 아니한 건강기능식품을 영업에 사용한 때		영업정지 1개월과 해당 제품 폐기	영업정지 2개월과 해당 제품 폐기	영업정지 3개월과 해당 제품 폐기
나. 법 제17조제1항제1호부터 제3호까지 및 제4호 중 보관방법과 제5호의 표시기준을 위반한 건강기능식품을 제조·수입·판매한 때				
(1) 법 제17조제1항제1호의 표시기준을 위반한 건강기능식품을 제조·수입·판매한 때		〈제조·수입업〉 품목제조정지 15일과 해당제품 폐기 〈판매업〉 영업정지 5일	〈제조·수입업〉 품목제조정지 1월과 해당제품 폐기 〈판매업〉 영업정지 10일	〈제조·수입업〉 품목제조정지 2월과 해당제품 폐기 〈판매업〉 영업정지 15일
(2) 법 제17조제1항제2호, 제3호 및 제4호 중 보관방법과 제5호의 표시기준을 위반한 건강기능식품을 제조·수입·판매한 때		〈제조·수입업〉 영업정지 15일 〈판매업〉 영업정지 7일	〈제조·수입업〉 영업정지 1개월 〈판매업〉 영업정지 15일	〈제조·수입업〉 영업정지 2개월 〈판매업〉 영업정지 1월
다. 법 제17조제1항제4호 중 유통기한 표시기준을 위반한 경우로서				
(1) 제조연월일 또는 유통기한을 표시하지 아니하거나 표시하지 아니한 건강기능식품 등을 영업에 사용한 때		〈제조·수입업〉 품목제조 정지 15일과 해당제품 폐기 〈판매업〉 영업정지 7일과 해당제품 폐기	〈제조·수입업〉 품목제조 정지 1개월과 해당제품 폐기 〈판매업〉 영업정지 15일과 해당제품 폐기	〈제조·수입업〉 품목제조 정지 2개월과 해당제품 폐기 〈판매업〉 영업정지 1개월과 해당제품 폐기

위반사항	근거법령	행정처분기준		
		1차 위반	2차 위반	3차 위반
(2) 유통기한을 품목제조신고한 내용보다 초과하여 표시한 때		영업정지 7일과 해당 제품 폐기	영업정지 15일과 해당 제품 폐기	영업정지 1개월과 해당 제품 폐기
(3) 제조연월일 또는 유통기한을 변조하는 등의 행위를 한 때		영업정지 1개월과 해당 제품 폐기	영업정지 2개월과 해당 제품 폐기	영업정지 3개월과 해당 제품 폐기
라. 법 제17조제1항제6호의 표시기준을 위반한 건강기능식품을 제조·수입·판매한 때		〈제조·수입업〉 시정명령	영업정지 15일과 해당 제품 폐기	영업정지 1개월과 해당 제품 폐기
		〈판매업〉 시정명령	영업정지 7일과 해당 제품 폐기	영업정지 15일과 해당 제품 폐기
16. 법 제26조 위반				
가. 건강기능식품이 아닌 것을 그 용기·포장에 인체의 구조 및 기능에 대한 식품영양학적·생리학적 기능 및 작용 등이 있는 것으로 오인될 우려가 있는 표시를 하거나 이와 같은 내용을 광고한 때	법 제32조	영업정지 1월과 당해 제품폐기	영업정지 2월과 당해 제품폐기	영업정지 3월과 당해 제품폐기
나. 건강기능식품과 유사하게 표시되거나 광고되는 것을 판매하거나 판매의 목적으로 저장 또는 진열한 때		영업정지 15일과 당해 제품폐기	영업정지 1월과 당해 제품폐기	영업정지 2월과 당해 제품폐기
17. 법 제29조의 규정에 의한 시정명령을 위반한 때	법 제32조	영업정지 7일	영업정지 15일	영업정지 1월
18. 법 제30조제1항 및 제3항 위반	법 제32조			
가. 영업자에게 식품위생상의 위해를 제거하기 위한 조치명령을 위반한 때		영업정지 7일	영업정지 15일	영업정지 1월
나. 위생상의 위해가 발생하였거나 발생할 우려가 있다고 인정되어 영업자에 대하여 한 당해 건강기능식품의 회수·폐기명령을 위반하거나 당해 건강기능식품의 원료·제조방법·성분 또는 그 배합비율에 대한 변경명령을 위반한 때		영업정지 1월	영업정지 2월	영업정지 3월
19. 법 제31조의 규정에 의한 시설개수명령을 위반한 때	법 제32조	영업정지 15일	영업정지 1월	영업정지 2월
20. 법 제32조제1항제8호의 규정에 의한 영업의 정지명령에 위반하여 계속 영업을 하는 때	법 제32조	영업허가 취소 또는 영업소 폐쇄		

위반사항	근거법령	행정처분기준		
		1차 위반	2차 위반	3차 위반
21. 법 제32조제1항제9호의 규정에 의한 영업자가 정당한 사유없이 계속하여 6월 이상 휴업하는 때	법 제32조	영업허가 취소 또는 영업소 폐쇄		
22. 법 제33조의 규정에 의한 품목의 제조정지 명령을 위반한 때	법 제32조	영업정지 1월		
23. 그 밖에 제1호 내지 제22호를 제외한 법 위반	법 제29조	시정명령	영업정지 2월	영업정지 3월

[별표 10] 〈개정 2006.11.20〉

과징금부과제외대상 (제33조관련)

제31조의 규정에 의한 별표 9 행정처분기준의 개별기준중 다음 각호의 1에 해당하는 때에는 영업정지·품목 또는 품목류제조정지에 갈음하여 과징금을 부과하여서는 아니된다.

1. 제7호 다목에 해당하는 때
2. 제10호 가목 및 마목에 해당하는 때
3. 제13호 라목 및 마목에 해당하는 때
4. 제14호 다목·라목 및 마목에 해당하는 때
5. 1차 위반행위가 영업정지 1월 이상에 해당하는 경우로서 2차 위반사항에 해당하는 때

[별표 11] 〈개정 2013.3.23〉

수수료 (제35조관련)

구분	수수료
1. 영업허가, 변경허가 또는 변경신고	
가. 영업허가(신규)	50,000원(「전자정부법」 제9조제2항 및 제3항에 따른 전자민원창구를 통한 신청의 경우 45,000원)
나. 변경허가 또는 변경신고	30,000원
다. 영업허가증 재교부신청	5,300원(「전자정부법」 제9조제2항 및 제3항에 따른 전자민원창구를 통한 신청의 경우 2,000원)
2. 영업신고 또는 변경신고	
가. 영업신고(신규)	28,000원
나. 변경신고	9,300원(소재지 변경을 포함하는 경우 26,500원)
다. 영업신고증 재교부신청	5,300원
3. 품목제조신고 또는 변경신고	
가. 품목제조신고	20,000원
나. 변경신고	10,000원
다. 품목제조신고증 재교부신청	5,300원
4. 수입신고, 검사 또는 수입건강기능식품 사전확인등록신청	
가. 수입신고	20,000원
나. 수입검사	「식품의약품안전처 시험의뢰규칙」에서 정하는 시험수수료액표에 의한다. 다만, 별표 2 제1호다목(2)·(3)에 따른 정밀검사 대상 건강기능식품 및 같은 호 라목에 따른 무작위 표본검사 대상 건강기능식품은 수수료를 면제한다.
다. 사전확인등록신청	
(1) 신규등록	28,000원(다만, 현지실사에 소요되는 국외여비 등 경비는 식품의약품안전처장이 따로 정하는 금액으로 한다)
(2) 변경등록	17,000원
5. 기준·규격의 인정을 위한 신청	100,000원(다만, 검사에 필요한 별도의 수수료는 「식품의약품안전처 시험의뢰규칙」에서 정하는 시험수수료액표에 의한다)

구분	수수료
6. 기능성 원료·성분의 인정을 위한 신청	100,000원
7. 기능성 표시·광고심의 신청	100,000원
8. 자가품질검사의 위탁검사	식품위생법 제18조의 규정에 따라 지정된 각 식품위생검사기관의 수수료규정에 의한다.
9. 우수건강기능식품제조기준적용업소 지정 가. 신규신청 나. 변경신청	 200,000원 100,000원
10. 영업자지위승계신고	9,300원
11. 영문증명신청	각 2,000원(「전자정부법」 제9조제2항 및 제3항에 따른 전자민원창구를 통한 신청의 경우 각 1,800원)

[별표 12] 〈개정 2013.3.23〉

과태료의 부과기준 (제36조관련)

1. 건강기능식품제조업

항목	위반사항	과태료액
1	생산 및 작업기록에 관한 서류와 원료의 입고·출고·사용에 관한 원료수불 관계서류를 작성·비치하지 아니하거나 이를 최종기재일로부터 3년간 보관하지 아니한 영업자	100만원
2	수돗물이 아닌 지하수 등을 먹는물 또는 건강기능식품의 제조에 사용하는 때에는 먹는물관리법 제35조의 규정에 의한 먹는물수질검사기관에서 1년(마시는 형태의 건강기능식품인 경우에는 6월)마다 먹는물관리법 제5조의 규정에 의한 먹는물의 수질기준에 따라 검사를 받아 마시기에 적합하다고 인정된 물을 사용하여야 함에도 불구하고 이를 이행하지 아니한 영업자	100만원
3	이 법에 의한 영업허가를 받지 아니하거나 영업신고를 하지 아니한 자로부터 위탁 또는 의뢰를 받아 건강기능식품을 제조한 영업자	100만원
4	유전자재조합기술을 이용하여 건강기능식품을 제조하면서 식품의약품안전처장이 정하여 고시하는 유전자재조합관련규정을 준수하지 아니한 영업자	100만원
5	출고된 건강기능식품에 안전성·기능성의 문제가 있거나 품질이 불량한 경우에 당해 제품을 스스로 회수하지 아니하거나 그 기록을 2년간 보관하지 아니한 영업자	100만원
6	우수건강기능식품제조기준 적용업소로 지정받지 아니한 업소에 제품생산을 위탁하여 제조한 영업자 또는 우수건강기능식품제조기준 적용업소로 지정받지 아니하고 제품생산을 위탁받거나 의뢰받아 해당 제품을 제조한 영업자	100만원
7	건강기능식품 거래현황에 대하여 판매업소명, 제품명, 수량, 공급일자 등 거래명세내역, 반품처리내역, 건강기능식품 위해사실(부작용 발생사례를 포함한다) 접수 및 처리 내역을 비치하지 아니하거나 이를 2년간 보관하지 아니한 영업자	50만원
8	유전자재조합 표시대상에 해당하는 건강기능식품을 제조하는 경우로서 유전자재조합식품이라는 표시를 하지 아니한 때에는 구분유통증명서 등 해당사유를 입증하는 증명서를 제조일로부터 2년간 보관하여야 함에도 불구하고 이를 이행하지 아니한 영업자	50만원
9	건강기능식품으로 인하여 발생하였다고 의심되는 위해사실(부작용 발생사례를 포함한다)을 알게 된 경우에는 그 사실을 식품의약품안전처장이 지정하여 고시하는 기관에 지체없이 보고하고 이에 관한 필요한 안전대책을 강구하여야 함에도 불구하고 이를 이행하지 아니한 영업자	50만원
10	행정처분기준에 따라 시정명령·폐기처분·시설개수명령 등 사후조치가 필요한 행정처분을 받고 그 명령에 따른 사후조치를 이행하였으나 그 이행결과를 지체없이 처분청에 보고하지 아니한 영업자	50만원
11	영업허가증, 품목제조신고증, 자가기준·규격인정서류 또는 기능성 표시·광고사전심의필증을 비치·관리하지 아니한 영업자	30만원

2. 건강기능식품수입업

항목	위반사항	과태료액
1	건강기능식품의 수입신고증, 선적서·내용명세서(송장) 또는 판매 현황기록을 수입일로부터 2년간 보관하지 아니하거나 유통기한이 2년 이상인 경우에 유통기한 종료시까지 보관하지 아니한 영업자	100만원
2	유전자재조합기술을 이용하여 제조한 건강기능식품을 수입하면서 식품의약품안전처장이 정하여 고시한 유전자재조합관련규정을 준수하지 아니한 영업자	100만원
3	수입된 건강기능식품이 안전성·기능성의 문제가 있거나 품질이 불량한 경우에 당해 제품을 스스로 회수하지 아니하거나 그 기록을 2년간 보관하지 아니한 영업자	100만원
4	건강기능식품 거래현황에 대하여 판매업소명, 제품명, 수량, 공급일자 등 거래명세내역, 반품처리내역, 건강기능식품 위해사실(부작용 발생사례를 포함한다) 접수 및 처리 내역을 비치하지 아니하거나 이를 2년간 보관하지 아니한 영업자	50만원
5	유전자재조합 표시대상에 해당하는 건강기능식품을 수입하는 경우로서 유전자재조합식품이라는 표시를 하지 아니한 때에는 구분유통증명서 등 해당사유를 입증하는 증명서를 그 제품의 수입일로부터 2년간 보관하여야 함에도 불구하고 이를 이행하지 아니한 영업자	50만원
6	건강기능식품으로 인하여 발생하였다고 의심되는 위해사실(부작용 발생사례를 포함한다)을 알게 된 경우에는 그 사실을 식품의약품안전처장이 지정하여 고시하는 기관에 지체없이 보고하고 이에 관한 필요한 안전대책을 강구하여야 함에도 불구하고 이를 이행하지 아니한 영업자	50만원
7	영업신고증, 기준·규격인정서 또는 기능성 표시·광고사전심의필증을 비치·관리하지 아니한 영업자	30만원
8	행정처분기준에 따라 시정명령·폐기처분·시설개수명령 등 사후조치가 필요한 행정처분을 받고 그 명령에 따른 사후조치를 이행하였으나 그 이행결과를 지체없이 처분청에 보고하지 아니한 영업자	30만원

3. 건강기능식품 판매업

항목	위반사항	과태료액
1	우수건강기능식품제조기준 적용업소로 지정받지 아니한 업소에 제품생산을 의뢰하여 제조한 건강기능식품유통전문판매업 영업자	100만원
2	영업신고증 또는 기능성 표시·광고사전심의필증을 보관하지 아니한 영업자	30만원
3	건강기능식품일반판매업자는 공급받은 건강기능식품의 내역을, 건강기능식품유통전문판매업자는 건강기능식품 위해사실(부작용 발생사례를 포함한다) 접수 및 처리 내역을 비치하지 아니하거나 이를 2년간 보관하지 아니한 영업자	30만원

항목	위반사항	과태료액
4	행정처분기준에 따라 시정명령·폐기처분·시설개수명령 등 사후조치가 필요한 행정처분을 받고 그 명령에 따른 사후조치를 이행하였으나 그 이행결과를 지체없이 처분청에 보고하지 아니한 영업자	30만원
5	건강기능식품으로 인하여 발생하였다고 의심되는 위해사실(부작용 발생사례를 포함한다)을 알게 된 경우에는 그 사실을 식품의약품안전처장이 지정하여 고시하는 기관에 지체 없이 보고하고 이에 관한 필요한 안전대책을 마련하여야 함에도 불구하고 이를 이행하지 아니한 유통전문판매업자	50만원

참고문헌

1. "웰빙과 계면화학", 화장품학회 추계심포지엄 자료집, 2004.9.23
2. 하병조, 영양과 건강, 2005, 신광출판사
3. 한국교원대학교 과학교육연구소, 생활과 과학, 2006, 지학사
4. 이숙경, 피부미용과 영양, 2000, 정담
5. 전세열 외 10인. 피부 영양학, 2002, 정담
6. M, A. 비나드, 우리가 먹는 화학물질, 1992, 전파과학자
7. 호시 게이코, 스트레스와 면역, 1994, 전파과학자
8. 최윤상, 목욕, 2004, 김영사
9. 하병조, 미용생화학, 1999, 형설출판사
10. 주영증 외 2인, 미용동의보감,2004, 성보사
11. 이미영, 여성과 약, 1995, 여성사
12. 동아출판사 편집부, 현대인의 생활 건강, 1994, 동아출판사
13. 김해숙, 약초를 이용한 미용건강, 1993, 효성
14. 한명규, 기능성 성분을 가진 식품의 인체 건강 유용성에 대한 연구, 16권, 3호, 224-231(2003)

저자약력

최윤경 연성대 뷰티에스테틱과 외래교수

하병조 을지대 피부관리학과 부교수

이승남 강남베스트클리닉 원장

영양과 건강

2014년 3월 2일 초판 인쇄
2014년 3월 5일 초판 발행

지은이 최윤경·하병조·이승남
발행인 조규백

발행처 도서출판 구민사

주소 (150-034) 서울특별시 영등포구 문래로 187, 604(영등포동4가, 동서빌딩)
Tel (02)701-7421~2 Fax (02)3273-9642
Http://www.kuhminsa.co.kr
신고번호 제313-1980-3호(1980년2월4일)

ISBN 978-89-7074-898-6 93150

값 22,000원